绿潮灾害监测预警与风暴潮灾害风险评估

李保磊　蓝天　宋晓丽　主编

中国海洋大学出版社
·青岛·

图书在版编目（CIP）数据

绿潮灾害监测预警与风暴潮灾害风险评估 / 李保磊，蓝天，宋晓丽主编 . —青岛：中国海洋大学出版社，2022.10

ISBN 978-7-5670-3288-0

Ⅰ . ①绿… Ⅱ . ①李… ②蓝… ③宋… Ⅲ . ①黄海—海水污染—监测预报—研究 ②风暴潮—风险评价—研究 Ⅳ . ① X55 ② P731.23

中国版本图书馆 CIP 数据核字（2022）第 186831 号

绿潮灾害监测预警与风暴潮灾害风险评估
Lüchao Zaihai Jiance Yujing yu Fengbaochao Zaihai Fengxian Pinggu

出版发行　中国海洋大学出版社
社　　址　青岛市香港东路23号　　邮政编码　266071
网　　址　http://pub.ouc.edu.cn
出 版 人　刘文菁
责任编辑　姜佳君　　电　　话　0532-85901040
电子信箱　j.jiajun@outlook.com
印　　制　青岛国彩印刷股份有限公司
版　　次　2022年10月第1版
印　　次　2022年10月第1次印刷
成品尺寸　170 mm × 230 mm
印　　张　8.25
字　　数　126 千
印　　数　1—1000
定　　价　68.00 元
订购电话　0532-82032573（传真）

发现印装质量问题，请致电0532-58700166，由印刷厂负责调换。

主　编　李保磊　国家海洋局北海环境监测中心

蓝　天　中国海洋大学

宋晓丽　国家海洋局北海环境监测中心

副主编　王智峰　中国海洋大学

苑克磊　国家海洋局北海预报中心

杨　琨　国家海洋局北海环境监测中心

刘欣禹　国家海洋局北海环境监测中心

赵　升　国家海洋局北海环境监测中心

梁德田　国家海洋局北海环境监测中心

孙卓男　国家海洋局北海环境监测中心

高　松　国家海洋局北海预报中心

前言

随着城市化进程的加快，沿海地区经济日趋发达，人口越来越密集，在全球气候变化的大背景下，海洋灾害对经济发展和社会稳定的负面影响愈发明显。我国是海洋灾害频发的国家。我国常见的海洋灾害包括绿潮灾害、风暴潮灾害、海浪灾害、赤潮灾害、海冰灾害等。

绿潮灾害是典型的生态灾害，不仅破坏海洋景观，而且是影响旅游和海水养殖等产业健康发展的重要因素，造成严重的社会影响和巨大的经济损失。当前，绿潮已成为我国近海生态环境安全保障工作重点关注的问题。《“十三五”海洋领域科技创新专项规划》明确指出，“开发集监测与预警为一体的近海海洋监测技术体系，为实现海洋环境的早期预警、动态保障和应急处置提供核心技术”是海洋环境安全保障建设的主要任务之一。

风暴潮灾害是对我国造成经济损失最大的海洋灾害。20世纪80年代，我国海洋灾害造成的年经济损失高达十几亿元；20世纪90年代后增至约100亿元，其中风暴潮灾害造成的损失占80%以上。以2017年为例，风暴潮灾害造成的直接经济损失占所有海洋灾害造成的直接经济损失的比例超过91%。因此，开展我国风暴潮灾害造成的损失的评估研究已是当务之急。风暴潮灾害风险评估既可作为其他评估，如灾情分级等研究的重要中间环节，又可作为最终结果指导防灾减灾、区划管理等决策部署，更是未来灾害研究的珍贵样本数据。

本书共分为8章，主要介绍绿潮灾害监测与预警技术、热带气旋特征研究、风暴潮数值模拟、风暴潮灾害特征分析、风暴潮越浪风险评估、基于深度学习的越浪计算等内容。研究内容包括以下方面：通过船舶检测、卫星遥感、航空遥感、岸滩、绿潮预警技术进行监测预警；通过分析台风时间、空间分布特征和构建风场模型进行特征研究；通过ADCIRC风暴潮数值模拟、SWAN波浪模拟、SWAN+ADCIRC波流耦合机理、模型的设置与验证对风暴潮进行数值模拟；通过拟合度检验、水位重现值推算、极端波浪特征分析对风暴潮灾害进行特征分析；通过广东沿海海堤设计标准研究、越浪风险评估和情景仿真对越浪进行风险评估；最后通过人工神经网络理论、BP神经网络及构建、模型验证对越浪计算进行深度计算。

本书由主编李保磊、蓝天、宋晓丽，副主编王智峰、苑克磊、杨琨、刘欣禹、赵升、梁德田、孙卓男、高松共同完成。本书的出版得到各位同事的鼓励与支持，在此表示由衷感谢！

受作者能力所限，且理论与技术的发展是一个不断更新迭代的过程，书中难免存在不足之处，敬请读者批评指正。

作者

2022年10月

目
录

绪论 1

1.1 研究背景及意义

黄海是我国受绿潮灾害影响最严重的区域，自2007年至2013年，每年4—8月期间持续发生浒苔绿潮灾害，山东半岛南部沿海超过70%的岸线遭受浒苔入侵。近几年来，绿潮灾害呈现发生时间提早、持续时间加长、致灾藻种增加等趋势。2013年，绿潮又出现了新的藻种——铜藻。

自2007年起，黄海连续发生大规模浒苔绿潮灾害，严重影响了滨海景观和海洋生态环境，危害了渔业生产和滨海旅游产业，直接对2008年奥运会帆船比赛和2012年第三届亚洲沙滩运动会(亚沙会)等重大赛事活动造成威胁，造成了巨大经济损失，产生了不良社会影响。2008年，为保证奥帆赛的顺利举办，青岛市共组织渔船1 628艘，出动执法船11艘，出动指挥艇33艘，参与打捞人员近8 000人，累计出动船只8.39万艘次，作业人员36.7万人次，打捞浒苔40.9万多吨。这次绿潮灾害造成的直接经济损失达13.22亿元。2012年，为确保海阳亚沙会免受绿潮灾害影响，烟台市政府专门成立市绿潮应急处置指挥部，研究部署亚沙会绿潮应急处置各项工作，加强绿潮监视监测和预警预报，全力组织海上打捞和岸线清理工作。绿潮应急处置工作累计投入各种船只8 157艘次，车辆机械1 964台次，人员54 394人次，投入资金约1.4亿元(其中拦截网购置及安装费1 068万元，船舶打捞费用10 970万元,陆地清运费 2 237 万元)才顺利完成了“抗绿潮、保亚沙”的艰巨任务。大规模、长时间的绿潮灾害已成为绿潮成灾区沿海生态环境健康与经济社会可持续发展的一大障碍,也对绿潮防灾减灾工作提出了更高的要求。

在众多的海洋灾害中,风暴潮一直是对沿海地区威胁最大的一种。我国拥有 3.2 万多千米的海岸线,更是频繁遭受风暴潮的侵扰。风暴潮通常伴随着天文潮。天文大潮与风暴增水的叠加将导致沿海地区潮位暴涨,引发海岸洪水,对沿海基础设施造成毁灭性的破坏,甚至海水淹没内陆地区,造成严重的生命财产损失。我国沿海地区如长三角、珠三角一带,经济发展水平高,人口密度大,然而这些地方频繁遭受着风暴潮的侵扰。在 2016—2020 年,每年我国沿海地区平均发生风暴潮过程 15 次,造成直接经济损失平均每年 54.15 亿元,严重制约了沿海地区的发展。

在沿海众多省(区、市)中,广东是受台风影响较大的地区之一。据统计,在 1949—1998 年的 50 年间,对广东造成影响的台风共 489 个,每年平均 9.8 个;登陆广东的台风 192 个,每年平均 4 个,最多的年份可达 7 个[1]。频繁的台风影响使得广东沿海地区成为风暴潮的多发地区并遭受巨大的经济损失。在 2013—2020 年的 8 年间,广东平均每年发生风暴潮过程 5 次,3 次风暴潮致灾,造成直接经济损失平均每年约 31.30 亿元,4 次位居全国首位。其中,2013 年 9 次风暴潮过程造成直接经济损失 74.20 亿元,2014 年台风“海贝斯”“威马逊”“海鸥”造成直接经济损失 60.41 亿元,远超平均水平。

风暴潮能否成灾受到多种因素的综合影响,如地形、气象、水文、海平面变化及堤防等级等。广东地区热带风暴潮主要由台风引起,台风切应力使海水向岸堆积。若风暴潮与天文潮高潮叠加,则进一步加剧近岸海水的堆积,造成水位的异常升高,导致严重的灾害发生。在未来,广东沿海地区风暴潮防灾减灾工作还将经受更大的考验。全球气候变暖使海平面持续上升。1980—2020 年,广东沿海地区海平面年均上升 3.5 mm,高于同期全国平均值。此外,《2020 年中国海平面公报》指出在未来 30 年,广东沿海海平面预计将上升 60～170 mm[2]。这将加剧广东沿海风暴潮的灾害程度。

1.2 国内外研究现状

1.2.1 绿潮灾害研究进展

绿潮的遥感监测主要有两种方式:光学遥感和微波遥感。光学遥感监测绿潮的原理是自然海水和浒苔覆盖的海水表面在可见光和近红外波段的光谱具有明显差异[3]。浒苔在可见光波段(400～500 nm、670 nm)内存在吸收谷,在近红外波段(675～800 nm)存在反射高峰;而自然海水在可见光波段内反射率低,在近红外波段反射率几乎为零[4-6]。因此,利用两者之间的光谱差异,可以建立绿潮信息提取算法,通过动态阈值和目视解译结合进行绿潮监测[7]。

辛蕾等以准同步的 30 m 分辨率 HJ-1A/1B 影像提取的绿潮覆盖面积为真值,在 MODIS 250 m 影像归一化差异植被指数(normalized differential vegetation index, NDVI)计算的基础上,对大于 NDVI 阈值的像元做了混合像元分解,得到混合像元分解后的绿潮面积,并建立了 MODIS 混合像元分解后的绿潮面积与 HJ-1A/1B 提取的绿潮面积之间的关系模型[8]。Qi 等采用线性混合像元分解的方法,得到了 MODIS 影像上的绿潮面积覆盖率[9]。盛辉等基于 MODIS 影像采用混合像元分解法得到绿潮的覆盖面积,并以准同步的 3 m 机载 SAR 提取的绿潮面积为真值,建立了两者之间的关系模型[10]。Xiao 等利用 MODIS 和 HJ-1A/1B 影像,基于数学形态学提出了混合光谱分解法用以监测绿潮[11]。Xing 等提出了适用于高分辨率的线性混合模型方法,并应用于 2016 年 12 月 31 日的 GF-1 影像提取海藻信息[12]。Xing 等基于 MODIS 影像,应用线性混合模型估测绿潮亚像素覆盖面积,并计算了绿潮早期的生长率,其结果与实验室结果较为一致[13]。Li 等根据实测的漂浮藻类和海水的光谱信息,通过线性光谱混合的方法研究不同藻类指数对漂浮藻类亚像元比例(POM)变化的响应,并基于 GF-1 影像建立了估测海表面漂浮藻类亚像元覆盖面积的模型,较好地解决了混合像元的影响[14]。Cui 等基于 MODIS 250 m 影像,采用线性混合像元分解估测了绿潮亚像素覆盖面积,并建立了 MODIS 250 m 影像提取面积与机载 3 m SAR 影像提取面积的关系模型[15]。王法景等针对 GOCI 影像,建立了 GOCI 混合像元分解后的绿潮面积与 GF-1 影像(空间分辨率为 16 m)面积之间的关系模型[16]。Hu 等通过构建海水背景图得到 MODIS 影像上的绿潮亚像素覆盖面积,其结果与 GF-1 及 Worldview-2 影像的绿潮面积估测结果较为一致[17]。

微波遥感可穿云透雾,受天气影响较小,具有全天时、全天候对地观测的特点。微波遥感监测浒苔的原理是有浒苔覆盖的海水比自然海水的表面粗糙,形成的后向散射信号较强[18]。李颖等基于 RADARSAT-1、ENVISAT-ASAR、ALOS-PALSAR 3 种星载雷达影像,通过自然海水和绿潮覆盖海水的灰度值对比分析,得出 3 种影像绿潮灰度值的动态范围[19]。蒋兴伟等基于 SAR 数据,采用基于区域增长面向对象的影像尺度分割方法,快速提取了浒苔信息[20]。Shen 等基于 RADRSAT-2 合成孔径雷达影像,通过分析浒苔斑块和自然海水表现出的不同极化特征,提出新的指数因子来确定浒苔在影像上的灰度值和后向散射系数的有效范围,并据此区分浒苔和海水,实现了不同极化方式下雷达影像上浒苔信息的无监督检测[21]。

绿潮的漂移生物量作为评估绿潮灾害规模的重要参数,一直是绿潮研究重点关注的议题[22]。绿潮漂移速度的研究多基于卫星遥感数据。例如,衣立等利用 2009 年 6 月 24—25 日的 MODIS 的绿潮分布影像,提取了黄海 3 个区域的绿潮漂移速率分别为 0.20、0.40、0.12 m/s[23]。夏深圳基于 MODIS 与 GOCI 数据,估算了 2013—2015 年绿潮漂移速率的变化范围为 0.01～0.98 m/s,并指出绿潮漂移速度存在明显的时变特征[24]。陈晓英等利用时间分辨率可达 20 s 的 GF-4 卫星影像,基于最大相关系数法追踪绿潮,分析了 1 d 之中(上午 9 时与下午 3 时)绿潮漂移速度的变化[25]。从 MODIS 的 1 d,到 GOCI 的 1 h,再到 GF-4 影像的 20 s,随着可用遥感数据资源的不断丰富,用于研究绿潮漂移速度的卫星影像时间分辨率也随着不断提高。

绿潮的危害主要通过巨大的生物量来体现,因此大量漂浮绿潮的漂移运移时空特征也是研究的重点[26]。国内学者主要从海洋大气环境动力学角度来研究绿潮漂流聚集现象，一般使用卫星遥感技术和数值模拟方法获取黄海绿潮的分布和漂移路径[27]。张苏平等基于 MODIS 影像获得绿潮时空分布信息，并结合海表面风场、降水、海表面温度、云中液态水含量、海流等资料分析了 2008、2009 年黄海绿潮的暴发和漂移原因[28]。研究发现降雨量的增多与绿潮的暴发有明显的关系，而海表面风场是绿潮漂移的主要驱动力，海面漂浮绿潮的运移方向往往与盛行风向一致。高松等基于 MODIS 和 SAR 卫星数据，结合 QSCAT 海表面风场资料，分析了 2008、2009 年黄海绿潮漂移路径差异的动力机制[29]。黄娟等基于 MODIS、HJ-1A/1B、COSMO SAR 等多源卫星数据，对 2008—2013 年黄海绿潮年际变化特征，包括分布特征、分布面积、漂移路径等做了对比分析，发现每年 4 月至 5 月初绿潮首次被监测到的位置基本在苏北浅滩的东沙、竹根沙和蒋家沙附近海域[30]。乔方利等基于 MASNUM 海浪-潮流-环流耦合数值模式进行浒苔溯源和漂流预测，发现风场驱动下的海洋表层流场变化影响着绿潮的漂移路径[31]。Son 等基于 GOCI 影像数据，运用 GOCI 绿藻指数(IGAG)和拉格朗日粒子追踪方法，对 2011 年黄海、东海的绿潮灾害做了追踪监测，发现黄海、东海绿潮可能源于江苏包括长江口地区，是海藻养殖面积的人为扩大以及风场影响下的绿潮暴发海域水体富营养化综合作用的结果[32]。郑向阳等同样利用 FVCOM 模式拉格朗日粒子跟踪模块对 2008 年 5 月至 7 月黄海绿潮的漂移路径做了追踪模拟，模拟结果与卫星遥感影像相吻合，进一步验证了绿潮来源于苏北沿岸的结论[33]。Bao 等利用海洋模型 FVCOM 模拟绿潮漂移路径，并从苏北浅滩释放漂流瓶和 Argos 漂流浮标加以验证，发现在不加风场的前提下，粒子主要受辐射沙脊地形限制，无法漂出苏北浅滩，而南风驱动下的模拟结果与浮标漂移路径较为一致[34]。刘志亮和李峣等分别分析江苏外海潜标观测和 Argos 表层漂流浮标的海流数据，发现夏季江苏外海存在一支比较稳定的北向流，其流向与传统观点认为的截然相反，并主要受局地风场控制[35-36]。

1.2.2 风暴潮研究进展

风暴潮的研究始于 20 世纪 20 年代。在早期科技还不发达时期，针对风暴潮的研究以观察现象和初步分析成因为主，通过对历史资料进行统计分析，研究影响台风增水的因素，并运用数理统计的方法计算增水及其影响因素之间关系的可靠程度及相关程度，在此基础上进行经验的预报。

进入 20 世纪 50 年代，科学技术的发展使风暴潮的研究方法有了新的突破。1956 年，德国人 Hansen 首次采用电子计算机对风暴潮进行计算，标志着风暴潮的研究进入数值模拟的时代[37]。在此后的十几年里，卫星、雷达等新型探测技术的出现和使用加深了人们对风暴潮的成因及机制的认识。同时，风暴潮的数值模拟技术也在迅速发展，美国、丹麦、荷兰等水利研究较为发达的国家都在建立自己的数值模式。1969 年，Heaps 基于二维线性方程组将风暴潮模式与大气模式相结合，构建了一套完整的风暴潮数值模拟体系，奠定了英国风暴潮数值模拟技术的基础[38]。在此模型的基础上，英国 Bidston 海洋研究院同年开发了温带风暴潮预警系统——Sea Model[39]，该模式代表着当时风暴潮数值预报的顶尖水平，可以计算风暴潮发生过程的逐时增水量。

美国海洋学家 Jelesnianski 于 1972 年提出了应用于大西洋沿岸的风暴潮数值预报模式——SPLASH[40]。该模式存在一定的局限性，不能模拟漫滩，因此 Jelesnianski 在 SPLASH 的基础上进行改进，开发了新一代风暴潮数值预报模式——SLOSH[41]。与 SPLASH 在水陆交接采用固定闭合边界相比，SLOSH 基于极坐标系，采用扇形网格计算，计算区域可以覆盖沿海及部分陆地，解决了漫滩模拟的问题。其计算精度较高，因而被广泛用于风暴潮的预报。我国也在 20 世纪 90 年代引入该模式。

随着计算机技术的蓬勃发展，风暴潮的数值模式不断地更新。例如，荷兰发展了 DCSM 模式并融合了卡尔曼滤波技术，可同化实测潮位资料，大大提高了模型计算的准确度。美国北卡罗来纳大学海洋科学研究所等开发的 ADCIRC 模式可以对复杂海岸线进行高分辨率数值模拟[42]，在很多研究中都取得不错的结果，因此近年来被广泛应用于不同地区的风暴潮模拟。

相较于国外，我国开展风暴潮研究的时间较晚。20 世纪 60 年代，冯士筰、秦曾灏、孙文心等海洋科学工作者开始进行对风暴潮理论和预报方法的研究。1975 年，秦曾灏等研究人员对风暴潮的基本理论做了系统的阐述，建立了超浅海风暴潮理论[43]。1979 年，孙文心[44]发表了我国关于风暴潮数值计算领域的首篇文章，建立了浅海风暴潮理论的数值模式，并通过案例证明了模型的正确性与实用性。1982 年，以冯士筰院士为核心的众多学者系统地进行风暴潮理论研究并出版了《风暴潮导论》。该著作成为我国风暴潮研究体系的奠基石，也是国际上首部风暴潮专著。

20 世纪 90 年代，SLOSH 被引入我国，尹庆江等将其成功应用于杭州湾 9 次显著的风暴潮过程的模拟[45]。孙文心提出了含有局部惯性项的三维浅海流体动力学流速分解模型的公式，并将其应用于渤海风暴潮的数值模拟研究，大大节省了计算量[44]。“八五”期间，青岛海洋大学风暴潮研究小组建立了我国第二代风暴潮数值预报模式，与第一代相比，其预报功能更丰富，预报结果更精确，预报区域扩展到了全国沿海地区。王喜年等考虑了有限振幅项的影响，建立了以 5 个子区域覆盖我国沿岸海域的五区块模式(FBM)，当输入风场较为准确时，其计算结果令人满意[46]。张鹏等结合计算机网络、实时监测、信息处理等技术建立了实时监测预报系统[47]，为风暴潮实时计算和预报提供了有效的保障。近年来，许多国内学者开始考虑波流耦合效应对风暴潮水位的影响[48-50]。刘永玲等采用 SWAN 和 POM 对风暴潮做了数值研究，考虑辐射应力、表面风应力等对波浪和风暴潮的影响，结果表明在考虑辐射应力时，风暴潮水位过程线与实测水位吻合得要比不考虑辐射应力时更好[51]。

2 绿潮灾害监测与预警技术

2.1 船舶监测

2008—2013 年，为掌握浒苔发生背景，在南黄海设置 3 条断面，每年 2 月起开展绿潮早期监测，监测水质环境，并研究沉积物中是否存在能够萌发的浒苔孢子。4—9 月期间，根据浒苔发生的规模大小，分别启动不同级别的绿潮应急响应预案，全面开展绿潮灾害的应急跟踪监测工作，主要对近岸的浒苔分布和水质进行高密度、多站位连续动态监测，监视浒苔的分布状况、生长状况及海水环境状况，评价浒苔对海洋环境的影响。

2008—2013 年，共开展船舶监测 248 航次，监测 2 669 站位，监测项目包括水文、水质、沉积物、生物等 25 项；采集分析样品共计 42 000 余个，获取数据 56 500 余组，发布监测快报 226 份(表 2-1)。重点对近岸海域的绿潮分布范围、面积、覆盖率进行统计，对水温、pH、盐度、溶解氧等与绿潮生长具有直接相关性的水质要素进行监测，并研究了绿潮生物量的定量监测方法。

表 2-1　船舶监测工作量统计表

年度	航次/个	站次/个	样品/个	数据/组	快报/份
2008 年	73	1 422	40 852	53 000	130
2009 年	46	234	193	750	63

续表

年度	航次/个	站次/个	样品/个	数据/组	快报/份
2010年	31	111	134	570	48
2011年	33	237	751	670	34
2012年	30	374	95	870	55
2013年	35	291	127	730	26
合计	218	2 669	42 152	56 590	356

结果显示，多年来绿潮的一般发展趋势如下：6月下旬至7月中旬为浒苔生长旺盛期，这期间浒苔长势良好，普遍呈深绿色，能集合成大面积的带状或块状，尤其6月下旬至7月上旬的海上巡视中，频繁于团岛、大公岛附近监测到长数千米的浒苔条带。从7月中旬之后，浒苔的生长减缓，并开始逐渐死亡，监测反映浒苔面积和覆盖率下降，颜色开始变为浅绿色至黄绿色，并有白色死亡藻体出现。至8月中旬，巡视所见浒苔数量已经很少，仅为零星出现，面积不超过100 m^2，颜色呈黄绿色，内有白色死亡藻体夹杂。绿潮应急监视监测期间，监测区水质普遍较好，大部分海域的pH、溶解氧等监测指标符合第一类海水水质标准。

以下以2013年的绿潮监测结果为例说明。

2.1.1 浒苔发生早期

2013年5月20—24日，绿潮分布面积约16 000 km^2，覆盖面积约60 km^2。绿潮最北端位于34°47′N（江苏连云港海域），距离国家海洋局北海分局（以下简称北海分局）所辖海域界线（35°N）约24 km。6月上旬，浒苔进入生长旺盛期，漂浮浒苔呈黄绿色或墨绿色，长势良好。进入6月中旬，漂浮浒苔开始呈现面积较大的带状分布，观测漂浮长度达3 km；6月15日，浒苔密集区距青岛大约50 km。

2.1.2 浒苔旺发期

6月下旬，零星浒苔开始陆续在青岛前海一线抵岸。6月24日，青岛沿岸第三海水浴场和五四广场海域均已发现浒苔，覆盖率在50%以上。6月底，青岛沿岸浒苔量明显增多（覆盖率达80%），青岛前海滩涂浒苔抵岸数量较多，石老人海水浴场和雕塑园滩涂出现极少量的棕褐色铜藻，青岛前海自胶州湾口至大麦岛沿岸海域漂浮浒苔数量较多。6 月 27 日，漂浮浒苔分布面积达到最大，为 28 900 km^2，总覆盖面积约 790 km^2，漂浮浒苔覆盖海域为 119°12′E～123°59′E、34°22′N～36°42′N。7 月初，青岛前海 10 km 以近沿岸海域，漂浮浒苔仍然较密集，五四广场外、小公岛附近都有大面积连片分布的漂浮浒苔，青岛以南 40 km 外的日照东部海域漂浮浒苔覆盖率也较高。7 月 10 日左右，青岛前海浒苔抵岸数量较前几日有所减少，但远岸（尤其是董家口附近海域）浒苔数量较多，浒苔绿潮仍然持续。7 月 14—20 日，青岛胶州湾口至灵山岛附近海域漂浮浒苔数量较多，覆盖率较高，在向岸风的影响下，青岛至胶南近岸浒苔绿潮较严重状态持续。

2.1.3 浒苔衰退期

7 月下旬，青岛前海一线浒苔数量比中旬明显减少，但在汇泉湾外和太平角外海域仍分布有较大面积的漂浮浒苔。进入 8 月份，观测发现漂浮浒苔出现部分死亡发白现象，漂浮浒苔分布面积较小，呈带状或小片状；浒苔开始进入衰退期，对青岛近岸的影响程度逐渐减小。8 月中旬，浒苔数量比上旬明显减少，自 8 月 14 日起连续数日黄海海域未发现浒苔，北海分局 8 月 20 日终止浒苔绿潮监视监测工作。

2.1.4 环境条件

漂浮浒苔区水质监测结果表明：7 月下旬之前，监测海域海水温度、盐度等海水环境适宜浒苔生长，水质普遍较好，绝大部分站位 pH 和溶解氧符合第一类海水水质标准；7 月下旬至 8 月，海水温度有所升高，pH 和溶解氧仍符合第一类海水水质标准。

2.1.5 新型绿潮藻类出现

与典型年份相比，2013 年青岛沿海浒苔绿潮暴发海域内，出现了一定数量的漂浮马尾藻。该藻为褐藻门墨角藻目马尾藻科马尾藻属的一种，藻体呈棕褐色，圆柱形，直径 1～1.5 mm，长度可达 7 m，为形成绿潮的又一新藻类。马尾藻绿潮的出现将进一步增大青岛沿海绿潮防治的难度和工作压力。

2.2 卫星遥感

2.2.1 绿潮光学卫星遥感监测

绿潮在可见光红光波段有很强的吸收特性，在近红外波段有很强的反射特性，因此，我们利用植被指数算法进行绿潮信息提取。植被指数算法为利用卫星不同波段探测数据组合而成的能反映植物生长状况的指数。NDVI 的表达式如下所示：

$$\mathrm{NDVI}=\frac{r_{\mathrm{NIR}}-r_{\mathrm{R}}}{r_{\mathrm{NIR}}+r_{\mathrm{R}}} \tag{2-1}$$

式中：r_{NIR} 和 r_{R} 分别为近红外波段和红光波段的反射率。

进行 NDVI 运算后，选择目标海域，确定合适的阈值，可以提取卫星遥感影像中的绿潮信息，进一步获取绿潮分布面积、覆盖面积和分布轮廓线。

2.2.2 SAR 卫星遥感监测

当电磁波入射到海面时，SAR 接收到的是电磁波和海面微尺度波形成布拉格谐振的回波信号。当海面发生大面积绿潮时，绿潮本身粗糙面、二次散射以及体散射的共同作用使雷达波产生区别于海面的较强烈后向散射。这种现象改变了通常海面的后向散射特性，因而能够在 SAR 图像上有很好的反映。

为实现雷达图像海面绿潮生物的自动检测与海面亮目标特征参数的自动提取，国家海洋局北海预报中心（以下简称北海预报中心）研发了基于目标特征的绿潮生物提取算法。该算法主要包括海面亮目标区域的自动提取、目标特征指标的开发与计算、绿潮生物识别与分类方法，有助于实现海面绿潮的业务化监测（表 2-2）。

表 2-2　绿潮卫星资料监测资料源比较

来源	MODIS-Terra/Aqua	HJ-1A/B	合成孔径雷达(SAR)
分辨率	250 m	30 m	可变
重访周期	0.5 天	2 天	订购之后 2 个工作日
数据获取方式	VSAT	下载	下载
覆盖范围	大	大	与分辨率有关
限制	受云的影响	受云的影响	受海况影响，静风或大风情况下受影响

监测范围：黄海和东海南部。

可见光卫星监测频率：1 次/天，下午 4:00 之前发布，环境标准(HJ)优先。

SAR 卫星遥感监测频率：接收到资料之后。

产品：绿潮卫星遥感监测信息快报，包含绿潮位置信息、绿潮外缘线、绿潮分布面积、绿潮覆盖面积等。

2.3　航空遥感

航空遥感监测具有灵活、机动、空间分辨率高的优势；监视范围较卫星小，较船舶大。航空遥感绿潮监测是以飞机为数据获取平台，以目视监测和可见光照片为主，经过对目视结果、GPS 数据和可见光等数据进行后期处理，得出航空遥感绿潮监测分布结果。同时可以获取机载成像光谱仪、可见光相机、SAR、红外扫描仪等机载数据，开展基于上述遥感数据的绿潮信息提取技术研究，并进行数据融合和综合分析研究，形成基于多种机载多种遥感数据的绿潮信息结果(包括位置、面积、覆盖率等要素)和绿潮生物量估算分布结果，为绿潮预报、绿潮灾害评估和绿潮清理等提供可靠数据支撑。

2.3.1　飞机上的目视监测

在海上云层较低或有雾的天气或被监测区域过大不易于用成像光谱仪、

红外和可见光等机载设备进行覆盖时，目视监测是一种简单、快速又有效的监测方法。一般情况下，绿潮监测结果在飞机落地后的0.5 h内就可以提供监测结果，比用其他航空遥感设备的处理速度都快得多。

2.3.2 基于可见光成像仪的绿潮监测

对可见光图像的红、绿、蓝波段的反射值进行分析，发现绿潮区对绿光的反射值比正常海水对绿光的反射值大，绿潮区域对蓝光的反射值比正常海水对蓝光的反射值小。因此，利用绿波段与蓝波段的比值运算可以较容易地区分出绿潮区域和非绿潮区域。

2.3.3 基于高光谱数据的绿潮监测

以成像光谱仪为机载传感器，获取绿潮分布海区的高光谱数据，提取绿潮的光谱曲线，通过与地物参考光谱进行比对，达到对不同生长阶段的绿潮进行检测和识别的目的。

2.3.4 基于红外扫描仪的绿潮监测

由大型藻类引发的绿潮，光谱具有一定的植被特征，即在红波段吸收而在红外波段反射，这与海水在红外波段的吸收特性正好相反。利用这一特征易于将浒苔与海水进行区分，由此达到对绿潮有效监测的目的。

2.3.5 基于机载SAR的绿潮监测

机载SAR属微波传感器，能够多波段、多极化、多视向、多俯角地对海洋和陆地进行高分辨率成像观测，且不受云雾等天气的影响，可全天候、全天时地获取大范围海域内的监测数据，是绿潮监视的有力手段。海上大量浒苔的繁殖，改变了海水表面的反射率和透射率，并使海面粗糙度加大，因此可以根据SAR成像原理对绿潮实施监测。

2.4 岸滩

2.4.1 浒苔陆岸巡视

2008—2013 年，在绿潮暴发期间(6—8 月)，国家海洋局北海环境监测中心(以下简称北海监测中心)和北海预报中心按分工开展了浒苔陆岸巡视。

北海预报中心每天组织人员对青岛市西至董家口港、东至崂山太清宫重点岸段和日照市南到绣针河口、北到两城重点岸段的近岸海域进行陆岸巡视，巡视要素包括现场风力、能见度、能见范围内绿潮成形数量(成数)、绿潮面积、绿潮漂移方向，并对现场进行拍照记录。中心累计投入 12 000 余人次，动用车辆 1 400 余辆次，行程 90 000 余千米，获取现场监测照片 8 000 余张(图 2-1～图 2-9)。

图 2-1　2008 年青岛奥帆赛场海域

图 2-2　2008 年青岛小麦岛附近海域

图 2-3　2008 年日照近海海域

图 2-4　2010 年青岛市第六海水浴场近岸海域

图 2-5　2010 年青岛海上皇宫西侧海域

图 2-6　2010 年日照市日照港煤码头附近海域

图 2-7　2011 年青岛第三海水浴场沙滩及近岸海面
(2011 年绿潮暴发期巡视结果，7 月 7 日发布绿潮Ⅲ级警报)

图 2-8　2012 年青岛石老人海水浴场沙滩（7 月 19 日海上绿潮覆盖面积达到最大值）

图 2-9　2013 年青岛石老人海水浴场附近海域(6 月 27 日海上绿潮总覆盖面积达到最大)

北海监测中心于2013年7月20—29日对山东部分沿岸潮间带进行绿潮监测，监测浒苔在岸滩的堆积状况。监测地点包括胶南银沙滩、即墨港中旅、日照涛雒镇养殖区、日照涛雒镇金沙滩海水浴场、海阳凤城、海阳斜角洼、文登五垒岛等地。此次任务共监测10个断面，获取样品85个。

潮间带外业现场调查显示，调查区的浒苔堆积量基本呈自南向北递减的趋势。其中胶南（图2-10）和即墨（图2-11）两处潮间带浒苔覆盖面积最广，生物量最大，滩涂存留的浒苔最厚处可达1.5 m，需多辆铲车进行清理作业。与前两处海滩相比，日照、海阳、文登的几处潮间带浒苔覆盖面积和生物量均较小。日照涛雒镇养殖区（图2-12）滩涂仅高潮带有零散浒苔。日照涛雒镇金沙滩海水浴场海滩虽在6月中旬有大量浒苔涌入，但因清理及时，故调查当天（7月24日）并未发现浒苔。海阳凤城（图2-13）滩涂表层有零散黄色浒苔，底层埋有腐烂浒苔，散发出难闻的气味。海阳斜角洼潮间带未发现浒苔，但在采样工作结束时发现海上零散漂来少量浒苔。文登五垒岛（图2-14）滩涂高潮带有白色浒苔（已死亡腐烂），底层埋有褐绿色浒苔，中、低潮间带有零散浒苔分布。

本次外业调查发现，浒苔主要堆积在高潮带、中潮带上区，低潮带滩面分布少量浒苔藻丝；个别滩涂（海阳）高潮带底质中存在大量浒苔，部分已经开始腐烂发臭，潮间带生物种类、数量均较少。询问附近居民获知，大量浒苔已被清理运走，而少量浒苔则以就地掩埋方式处理。

图2-10　胶南浒苔主要堆积在高潮带、中潮带上区

图 2-11　即墨港中旅滩涂有较多浒苔

图 2-12　日照涛雒镇养殖区高潮带有零散浒苔

图 2-13　海阳凤城滩涂表层的零散黄色浒苔和底层的腐烂浒苔

图 2-14　文登五垒岛高潮带的白色浒苔和底层的褐绿色浒苔

2.4.2　绿潮藻分布调查

2009 年组织了两次黄海北部海域绿潮藻分布情况的调查，调查项目包括绿潮藻的种类、生长地点、分布面积、生物量等。

2.4.2.1　山东近岸调查

2009 年 4 月 22—26 日，调查了日照观海公园、青岛团岛、青岛第一海水浴场、海阳乳山口、威海幸福公园、威海海上公园、烟台水产研究所渔港、烟台芝罘区滨海广场、蓬莱东沙滩等山东沿岸绿潮藻分布情况。从江苏吕泗至山东蓬莱的黄渤海沿岸都有零星漂浮的绿潮藻，其中山东青岛第一海水浴场、烟台水产研究所渔港漂浮有大量的绿潮藻，初步判定主要为石莼、孔石莼和缘管浒苔等，其中还有少量褐藻和红藻(图 2-15～图 2-22)。

在日照观海公园滩涂、烟台芝罘区滨海广场沿岸一带和蓬莱东沙滩有大量绿潮藻。日照观海公园主要绿潮藻为石莼，片块面积为 10～50 m^2，生物量很大；蓬莱东沙滩主要绿潮藻为石莼和浒苔，藻体长度可达 30 cm，覆盖率可达 40%。

在青岛团岛和威海幸福公园，几乎所有人工堤岸都有大规模的绿潮藻密集附着生长，且在青岛团岛人工堤岸上也有大量紫菜附着生长。而青岛第一海水浴场、海阳乳山口海湾内和烟台水产研究所渔港海湾内都有小规模绿潮藻漂浮，但生物量很大，主要种类为石莼和浒苔，同时伴有红藻、褐藻等藻类共同漂浮现象。

2.4.2.2 江苏近岸调查

2009年4月18—24日，调查了启东吕泗、海门东灶港、如东洋口港太阳岛、东台北凌新闸、东台梁河南闸、大丰港栈桥护坡、射阳港、连云港连岛、赣榆下口等江苏沿岸绿潮藻。发现绿潮藻生长条件具有以下特点：① 绿潮藻种类为浒苔；② 干出时间较长的潮位通常不适宜绿潮藻生长；③ 生长在高潮位的通常为丝状藻体，生长在低潮位的通常为叶状藻体；④ 沿海人工建筑更适宜绿潮藻生长，人工堤坝、紫菜栽培架、聚丙烯麻袋等人造物上的绿潮藻生物量比自然岩石上的生物量高出数百倍甚至上千倍。此外，3—4月在紫菜养殖筏架上生长大量绿潮藻，沿海富营养化养殖池塘中也有大量绿潮藻生长，特别是竹蛏养殖池塘出现大量漂浮绿潮藻。

海门、如东和大丰绿潮藻分布面积大，生物量很高。在这3个海区的沿岸大堤和引桥护坡上分布有大量的绿潮藻。海门东灶港7 km长的渔港围隔大堤上，绿潮藻覆盖面积至少为70 000 m^2，高潮位为细丝状藻体，低潮位为叶状藻体，且低潮位覆盖率几乎达到100%，生物量也较大。如东洋口港太阳岛及其引桥护坡上约生长有30 000 m^2 的浒苔绿潮藻，覆盖率几乎达到100%，高、低潮位分别生长有细丝状藻体和叶状藻体，生物量均较大(图2-23)。大丰港栈桥护坡基部有大面积浒苔生长，宽度为3～5 m，浒苔形态有细丝状和叶状两种，覆盖率很高，几乎为100%，低潮部分浒苔生物量较大。在连云港丁港和连岛的高潮位水槽和防波堤上有大量绿潮藻生长，覆盖率较高(在连岛防波堤上可达70%～80%)，但生物量不大。启东吕泗沿岸防波堤处于高潮位，且干出时间较长，因此绿潮藻生物量较少，低潮位仅有零星绿潮藻分布。

在射阳县新洋闸附近沿该港数千米长两侧滩涂上发现浒苔分布带，全部为丝状藻体，藻体长度可达1 m，色泽鲜亮。在射阳港附近的滩涂上也发现较大面积的浒苔分布带，但生物量较小。

图 2-15　日照观海公园海区

图 2-16　团岛海区

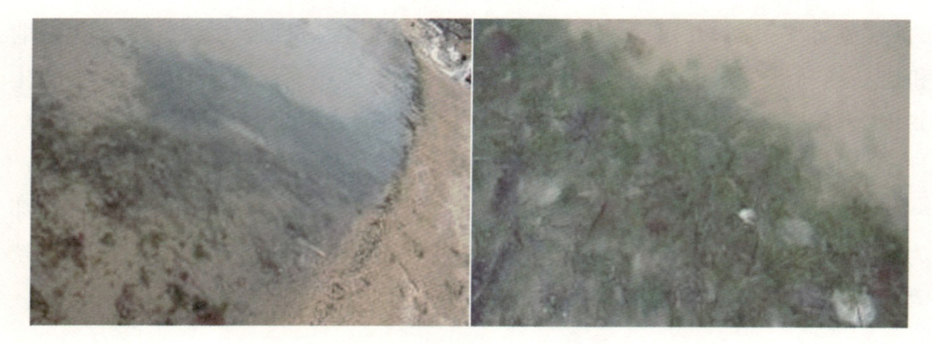

图 2-17　青岛第一海水浴场

图 2-18　海阳乳山口海区

图 2-19　威海幸福公园海区

图 2-20　烟台水产研究所渔港内漂浮生长绿潮藻

图 2-21　烟台芝罘区滨海广场海边

图 2-22　蓬莱东沙滩

图 2-23　如东洋口港太阳岛海区

2.5 绿潮预警技术

2.5.1 绿潮海表面环境动力预报

气象数值预报系统总共包括4个区域，分别是中国海区、东中国海区、北海区和青岛近海区。气象数值预报系统主体采用WRF模型。中国海区覆盖范围为90°E～152°E、12°S～52°N，模式空间分辨率为27 km，垂直分为30个σ层；东中国海区覆盖范围为103.8°E～140.4°E、14.5°N～48.58°N，模式空间分辨率为27 km；北海区覆盖范围为116°～129°E、28.5°～42.5°N，模式空间分辨率为9 km；青岛近海区覆盖范围为119°E～121.5°E、35°N～36.5°N，模式空间分辨率为3 km。东中国海区和北海区的预报系统采用双重嵌套方式，同时起算运行；青岛近海区与北海区预报系统采用单向嵌套方式。

模式预报过程均使用欧拉质量坐标、兰勃特投影方式和3阶龙格-库塔时间积分方案，垂直方向为不等距的30个σ层，模式顶气压为50 Pa。模式采用的初始场和侧边界条件为美国国家环境预报中心(NCEP)提供的全球预报系统(GFS，水平分辨率为1°×1°)，时间间隔为6 h。

为提高模式初始场质量，开发了WRF-3DVAR业务化同化模块，现已完成高空站、地面站、船舶、海洋站、浮标、C波段微波散射计(ASCAT)风场等资料24 h同化时间窗的实时数据同化，并已投入业务化应用。

在业务化运行方面，东中国海区、北海区模式每天1时和12时各启动一次，预报使用12×8个CPU，使用IB网络进行并行运算，在2 h内完成2个区域的180 h和72 h的预报；中国海区每天13时启动，1 h内完成180 h的预报；青岛近海区业务化运行在完成北海区预报任务之后启动，耗时0.5 h完成180 h的预报。

2.5.2 绿潮海洋环境动力预报系统

根据绿潮所在位置、范围以及政府部门对应急预测的不同需求，现有中国海区、北海区和近海小区3个区域的海流数值预报系统。其中,中国海区独立运行,北海区和近海小区采取单向嵌套的方式。中国海区海流预报系统采用ROMS模式,模型范围为99°E～148°E、9°S～44.05°N,水平分辨率为0.1°×0.1°,垂向分25层。北海区海流预报系统采用ROMS模型,模型范围为117°E～127°E、32°N～41°N,水平分辨率为1/30°×1/30°,垂向分6层。近海小区海流预报系统采用FVCOM,模型范围为渤海、青岛近海、石岛海域等,分辨率可高达10 m量级。

中国海区和北海区的开边界由环流场和温盐场共同驱动。开边界水位采用查普曼边界条件,正压流速采用Flather边界条件,三维斜压流速采用Orlanski辐射边界条件。北海区ROMS模型的开边界由环流场、温盐场和潮汐水位共同驱动。潮汐开边界条件的水位采用M_2、S_2、K_1、O_1共4个分潮来驱动。开边界水位采用查普曼边界条件,正压流速采用Flather边界条件,三维斜压流速采用Orlanski辐射边界条件。近海小区FVCOM模型的开边界由潮汐调和常数计算。海表面驱动场包括海面风、气压、湿度、气温、长波辐射、短波辐射、降水等。通量数据由中心业务化运行的气象预报系统提供。

在业务化运行方面,中国海区和北海区每天业务化预报1次,提供未来5 d 1 h 1次的海流预报结果,运行时间在2 h以内。近海小区每天业务化预报1次,提供未来5 d 1 h 1次的潮汐潮流预报结果。

2.5.3 黄海绿潮应急快速漂移预测

在不考虑绿潮自身生态特征的情况下,其在海水中的移动,可以看作质点跟随海流的物理运动,所以绿潮应急漂移预测采用拉格朗日粒子追踪方法。

2.5.3.1 拉格朗日粒子追踪方法

动力数学模型是基于欧拉场建立的,而要描述质点的运动,需采用拉格朗日的观点,这就涉及如何将欧拉场中的结果转换为拉格朗日质点位移。

在欧拉场中,对平面二维问题,任意空间点的速度可表示为

$$V=V(x,y,t) \tag{2-2}$$

采用拉格朗日观点,任意质点的速度可表示为

$$V_L=V_L(x_L,y_L,t)=\frac{dX}{dt} \tag{2-3}$$

上式实际上建立了求解质点位移的一阶常微分方程。改写上式,质点的运动轨迹可通过如下积分求得:

若每一时刻的 V_L 已知,可通过数值积分的方法由上式求出质点的运动轨迹。

粒子的漂移速度 $\overline{V}_c$ 计算公式为

$$\overline{V}_L = \overline{V}_W + \overline{V}_t + \overline{V}_r + \overline{V}_h \tag{2-4}$$

式中:$\overline{V}_W$ 表示由风力和波浪作用产生的速度分量;$\overline{V}_t$ 表示潮流作用产生的速度分量;$\overline{V}_r$ 表示潮致余流作用产生的速度分量;$\overline{V}_h$ 表示环流(包括风海流和密度流)作用产生的速度分量。

$\overline{V}_t$ 和 $\overline{V}_r$ 由潮流调和常数预报得到。$\overline{V}_h$ 由预报系统预报环流流场数据插值得到。

2.5.3.2 风力系数

风力系数是粒子漂移速率与风速的比值。粒子漂移速率 U_{WC}(东向分量)和 V_{WC}(北向分量),分别由下式计算:

$$U_{WC} = C_1 U_W \tag{2-5}$$

$$V_{WC} = C_1 V_W \tag{2-6}$$

式中:U_W 表示风速的东向分量;V_W 表示风速的北向分量;C_1 表示风力系数(%)。

风力系数 C_1 是粒子漂移速率与风速的比值,根据实测结果,C_1 的变化范围为 5%～50%。如果表面流场计算已经考虑了风的因素(风力驱动的漂移作用),则风力系数应相应减小。在我们的漂移预测模型中,潮流和环流综合在一起称海流,物体漂移的速度是作用于物体上的风力和海流的综合结果,与漂移物的形状、大小等特征有关。因此海流和风对不同漂移物分别有一个作用系数。海流系数与模型模拟精度有关,由多次数值试验的结果得出。

2.5.3.3 风偏角

风偏角是风向与粒子漂移方向的夹角,以顺时针为正。风力引起的漂移速率 U_{Wd}(东向分量)和 V_{Wd}(北向分量)由下式计算:

$$U_{Wd} = U_{WC}\cos\theta + V_{WC}\sin\theta \tag{2-7}$$

$$V_{Wd} = -U_{WC}\sin\theta + V_{WC}\cos\theta \tag{2-8}$$

式中:U_{Wd} 表示考虑风偏角的风速东向分量;V_{Wd} 表示考虑风偏角的风速北向

分量；θ 表示风偏角。

2.5.3.4 考虑障碍物阻挡作用

2008 年绿潮大面积暴发，为了有效阻挡和打捞绿潮，在奥帆赛场附近海域设置围油栏和流网等障碍物。因此，在绿潮漂移预测模式中设置不同的标志使绿潮大部分被阻挡在围油栏和流网外，而海水可以通过围油栏和流网，有效模拟了障碍物的阻挡。

2.5.3.5 建立绿潮应急预测方法

业务化流程：基于应急遥感监测结果和海洋大气动力环境场，利用绿潮应急快速漂移模型，自动搜索绿潮所在区域，快速预测绿潮发展过程中漂移的轨迹和方向，根据政府及有关部门的需要，以绿潮漂移趋势图、动态图和轨迹图等不同形式呈现绿潮应急漂移预测结果。

模型输入场：基于绿潮灾害应急多源监测数据的融合结果，根据应急预测的需求，输入绿潮斑块的外缘或者绿潮的散点。

海洋大气动力环境场：绿潮动力环境实时同化系统每天 8 时之前提供业务化的大气和海洋环境要素（主要包括海面风场、潮流场、环流场等）。

快速算法：2008 年绿潮大面积暴发，对 2008 年北京奥运会帆船比赛是极大的威胁，绿潮预测和打捞工作十分紧急。我们紧急研发了快速预测方法，根据卫星监测综合结果，基于业务化的海洋动力环境实时同化系统的海面风场和流场（包含潮流和密度流），在应急快速漂移模式自动搜索绿潮所在范围，缩小模式的计算范围，很大程度上缩小了计算时间，实现了对绿潮漂移轨迹和方向的快速预测。

产品内容：内容丰富多样，包括黄海海域 72 h 风、浪预报，海阳或青岛海域的 72 h 天气、风向、风速、波高、海温、潮时的专项海洋环境预报工作。每天预报海阳或青岛海域未来 3 d 每小时风向、风速，为绿潮漂移预测提供基础数据。绿潮应急漂移预测结果根据政府需要，以绿潮漂移趋势图、动态图和轨迹图等不同形式呈现。同时，制作绿潮现场打捞图、绿潮综合分析图和绿潮预警信息等。

3 热带气旋特征研究

3.1 热带气旋数据

根据中国气象局热带气旋资料中心最佳热带气旋路径资料，1991—2020年30年间热带气旋的总数为855个，年均28.5个；影响广东地区的有230个，年均约7.7个，最多的年份达14个。表3-1给出了这些热带气旋的编号和名称。

表3-1 1991—2020年影响广东地区热带气旋编号和名称

年份	热带气旋编号和名称					
1991	9105	Yunya	9106	Zeke	9107	Amy
	9108	Brendan	9110	Ellie	9111	Fred
	9116	Joel	9119	Nat	9123	Ruth
	9124	Seth	9127	Wilda		
1992	9204	Chuck	9205	Eli	9206	Faye
	9207	Gary	9213	Mark	9215	Omar
	9216	Polly				

续表

年份	热带气旋编号和名称					
1993	9302	Koryn	9303	Lewis	9309	Tasha
	9312	Winona	9315	Abe	9316	Becky
	9318	Dot	9323	Ira		
1994	9401	Owen	9403	Russ	9404	Sharon
	9405	(nameless)	9406	Tim	9407	Vanessa
	9409	Yunya	9411	Amy	9413	Caitlin
	9418	Gladys	9419	Harry	9422	Joel
	9424	Luke	9436	Axel		
1995	9502	Deanna	9504	Gary	9505	Helen
	9506	Irving	9508	Lois	9509	Kent
	9511	Nina	9514	Ryan	9515	Sibyl
	9516	Ted	9521	Angela		
1996	9603	Cam	9606	Frankie	9607	Gloria
	9608	Herb	9610	Lisa	9612	Niki
	9615	Sally	9618	Willie	9621	Abel
	9624	Ernie				
1997	9710	Victor	9713	Zita	9714	Amber
	0000	Cass				
1998	9802	Otto	9803	Penny	9810	Babs
1999	9902	Leo	9903	Maggie	9905	(nameless)
	9908	Sam	9909	Wendy	9910	York
	9913	Cam	9914	Dan	9915	Eve
2000	0004	Kai-tak	0010	Bilis	0013	Maria
	0016	Wukong	0020	Xangsane	0021	Bebinca

续表

年份	热带气旋编号和名称					
2001	0101	Cimaron	0102	Chebi	0103	Durian
	0104	Utor	0107	Yutu	0108	Toraji
	0110	Usagi	0114	Fitow	0116	Nari
2002	0208	Nakri	0212	Kammuri	0214	Vongfong
	0218	Hagupit	0220	Mekkhala		
2003	0305	Nangka	0308	Koni	0307	Imbudo
	0309	Morakot	0312	Krovanh	0313	Dujuan
	0320	Nepartak				
2004	0404	Conson	0409	Kompasu	0411	(nameless)
	0418	Aere	0428	Nanmadol		
2005	0505	Haitang	0508	Washi	0510	Sanvu
	0513	Talim	0516	Vicente	0518	Damrey
	0519	Longwang	0521	Kai-tak		
2006	0601	Chanchu	0602	Jelawat	0604	Bilis
	0605	Kaemi	0606	Prapiroon	0620	Cimaron
	0623	Utor				
2007	0703	Toraji	0707	Pabuk	0709	Sepat
	0714	Francisco	0715	Lekima	0722	Peipah
2008	0801	Neoguri	0806	Fengshen	0808	Fung-wong
	0809	Kammuri	0812	Nuri	0814	Hagupit
	0816	Mekkhala	0819	Maysak		
2009	0903	Linfa	0904	Nangka	0000	(nameless)
	0906	Molave	0907	Goni	0913	Mujigae
	0915	Koppu	0917	Parma		

续表

年份	热带气旋编号和名称					
2010	1002	Conson	1003	Chanthu	1005	Mindulle
	1006	Lionrock	1010	Meranti	1011	Fanapi
	1013	Megi				
2011	1103	Sarika	1104	Haima	1108	Nock-ten
	1111	Nanmadol	1117	Nesat	1119	Nalgae
2012	1205	Talim	1206	Doksuri	1208	Vicente
	1213	Kai-tak	1214	Tembin	1223	Son-tinh
	1224	Bopha				
2013	1305	Bebinca	1306	Rumbia	1307	Soulik
	1308	Cimaron	1309	Jebi	1310	Mangkhut
	1311	Utor	1312	Trami	1319	Usagi
	1321	Wutip	1329	Krosa	1330	Haiyan
2014	1407	Hagibis	1409	Rammasun	1410	Matmo
	1415	Kalmaegi	1416	Fung-wong		
2015	1508	Kujira	1510	Linfa	1513	Soudelor
	1521	Dujuan	1522	Mujigae	1524	Koppu
2016	1601	Nepartak	1603	Mirinae	1604	Nida
	1608	Dianmu	1614	Meranti	1617	Megi
	1619	Aere	1621	Sarika	1622	Haima
	1625	Tokage				
2017	1702	Merbok	1704	Talas	1707	Roke
	1708	Sonca	1709	Nesat	1710	Haitang
	1713	Hato	1714	Pakhar	1716	Mawar
	1719	Doksuri	0000	(nameless)	1720	Khanun
	1724	Haikui				

续表

年份	热带气旋编号和名称					
2018	1804	Ewiniar	1808	Maria	1809	Son-Tinh
	1816	Bebinca	1822	Mangkhut	1823	Barijat
	1826	Yutu				
2019	1907	Wipha	1911	Bailu	1912	Podul
2020	2002	Nuri	2006	Mekkhala	2007	Higos
	2016	Nangka	2017	Saudel	2020	Atsani
	2022	Vamco				

3.2 时间分布特征

从年际分布特征来看，不同时间段内影响广东地区的热带气旋数量特征有所不同。如图 3-1 所示，1991—1996 年热带气旋较多，年均基本在 8 个以上，最多的为 1994 年的 14 个；1997—2012 年，热带气旋大多在 8 个左右，个别年份较少，为 3～4 个；2013—2020 年，热带气旋数量年际差异较大，且分化明显，数量较多的年份如 2013、2016、2017 年，对应的热带气旋都在 10 个以上，而剩余的年份热带气旋都不超过 7 个，最少的年份 2019 年热带气旋仅有 3 个。总体来看，30 年间影响广东地区的热带气旋没有明显的增多或减少趋势，大多数年份热带气旋为 6～8 个，变化较为稳定。

从月际分布特征来看，规律明显。如图 3-2 所示，广东地区热带气旋月际变化呈单峰分布，夏、秋两季是多发时段，尤其是 7、8、9 月，峰值出现在 7 月，热带气旋达 60 个。12 月至翌年 5 月期间，海水温度较低，是热带气旋活动的低频期，热带气旋较少，其中 1 月和 2 月没有热带气旋生成。

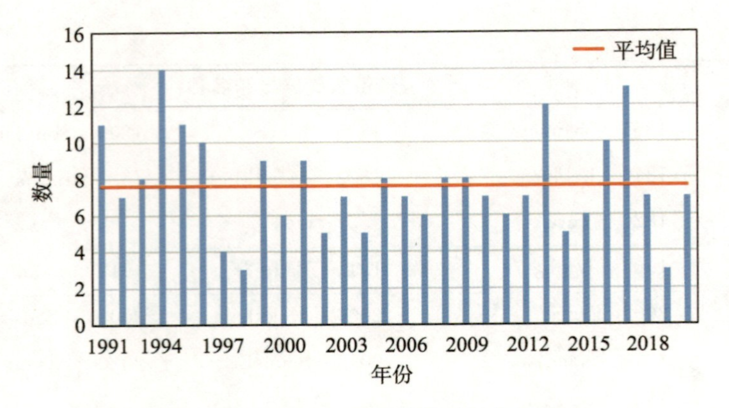

图 3-1　广东地区热带气旋数量的年际分布

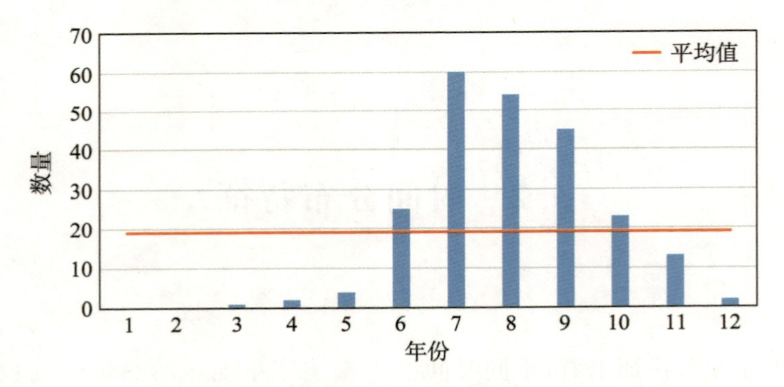

图 3-2　广东地区热带气旋数量的月际分布

3.3　空间分布特征

为了进一步验证结论，对 30 年间登陆广东地区的热带气旋的登陆城市做了统计，结果如图 3-3 所示。从统计数据可以发现，登陆湛江的热带气旋数量最多，有 29 个，平均每年约有 1 个热带气旋登陆湛江；汕尾次之，有 11 个热带气旋登陆；潮州最少，30 年间仅有 2 个热带气旋登陆。

从地区来看，粤西地区湛江、茂名、阳江三市30年间共有44个热带气旋登陆，珠三角地区(包括香港、澳门)共有28个热带气旋登陆，粤东地区共有22个热带气旋登陆。因此在空间分布上，结合热带气旋路径信息，粤西地区受热带气旋影响最为频繁，珠三角地区次之，粤东地区受热带气旋影响相对其余两地区较小。

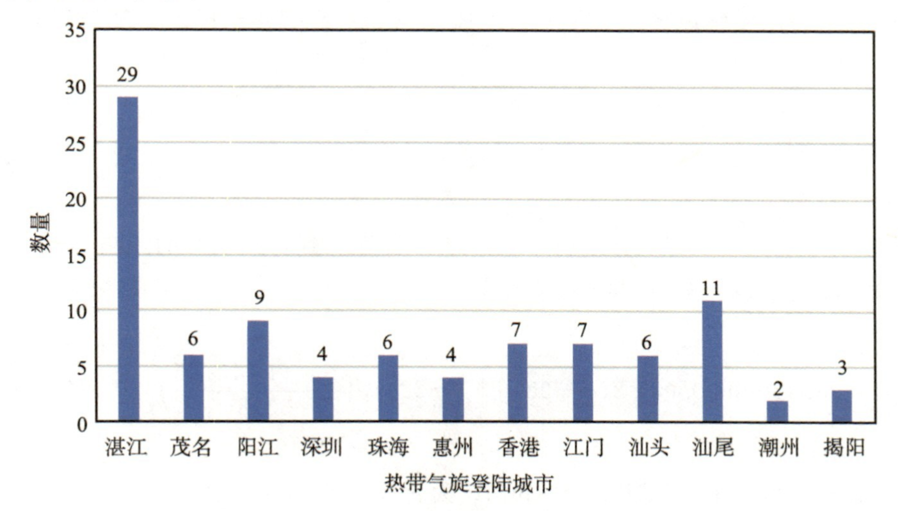

图3-3 热带气旋登陆城市统计

3.4 台风风场模型构建

在风暴潮的研究中，台风数值模型的构建是至关重要的环节，其精确程度直接影响风暴潮模拟结果的可靠性。近年来，不少学者采用Jelesnianski或Holland经验风场模型来模拟风场分布，其计算简便且实用性强。因此，本书基于Jelesnianski台风模型，采用中国气象局热带气旋资料中心最佳台风路径数据构建风场和气压场。

3.4.1 Jelesnianski 风场模型

Jelesnianski 风场模型认为实际风场可以由环形风场和移动风场两个矢量场叠加而成，即

$$V = V_r + V_s \tag{3-1}$$

式中：V 表示实际风场，V_r 表示圆形风场，V_s 表示以移动风场。环形风场可表示为

$$V_r = V_m \frac{\frac{2r}{R}}{1+\left(\frac{r}{R}\right)^2}(A\boldsymbol{i} + \mathrm{B}\boldsymbol{j}) \tag{3-2}$$

式中：V_m 表示台风最大风速(m/s)；r 表示计算点到台风中心的距离(km)；$\boldsymbol{i}$、$\boldsymbol{j}$ 表示 x、y 方向单位向量；R 表示最大风速半径(km)。本书采用 MEF 公式计算 R：

$$R = 28.52\tanh[0.0873(\varphi - 28)] + 12.22\exp\left(\frac{P_0 - 1013.25}{33.86}\right) + 0.2C + M \tag{3-3}$$

式中：R 为台风最大风速半径(km)；φ 为台风中心的纬度坐标(°)；P_0 为台风中心气压(hPa)；C 为台风中心移动速度(m/s)；M 为可调整的参数，通过调整其大小可以更加准确地模拟实际台风风场影响范围(km)，本书 M 取 37.22。

其余参数 A、B 和 r 的值可根据下式计算：

$$\begin{cases} A = -(y\cos\theta + x\sin\theta)/r \\ B = (x\cos\theta - y\sin\theta)/r \\ r = (x^2 + y^2)^{\frac{1}{2}} \end{cases} \tag{3-4}$$

式中：x 和 y 为计算点到台风中心的经度方向距离和纬度方向距离(km)。

台风移动风场内任意一点处的移动风速可以看成台风中心移动速度与移动风场分布函数的乘积，表达式如下：

$$v_s = \begin{cases} \frac{r}{R+r}(V_{ox}\boldsymbol{i} + V_{oy}\boldsymbol{j}), (0 < r \leqslant R) \\ \frac{R}{R+r}(V_{ox}\boldsymbol{i} + V_{oy}\boldsymbol{j}), (r > R) \end{cases} \tag{3-5}$$

式中：V_{ox} 和 V_{oy} 分别为台风中心在 x 方向和 y 方向的移动速度(m/s)。

除了风场以外，气压场模型的质量也极大影响风暴潮计算的准确性。Jelesnianski 气压场模型计算公式表示为

$$P_r=\begin{cases}P_0+\frac{1}{4}(P_\infty-P_0)\left(\frac{r}{R}\right)^3,(0<r\leqslant R)\\P_\infty-\frac{3}{4}(P_\infty-P_0)\frac{R}{r},(r>R)\end{cases} \tag{3-6}$$

式中：P_r 为计算点气压(kPa)；P_0 为台风中心气压(kPa)；P_∞ 为无穷远处气压(kPa)，取 P_∞ 为 101.325 kPa。

3.4.2 风场重构

真实情况的风场是台风风场与背景场的叠加。本书背景风场采用 ERA5 再分析风场，数据空间分辨率为 0.25°×0.25°，时间分辨率为 1 h。采用插值方法将其分辨率调整为与台风场相一致。台风场与背景场叠加方法如下：

$$V_c=(1-e)V_j+eV_b \tag{3-7}$$

式中：V_j 为台风风场，V_b 为背景风场，e 是权重系数。e 的值为

$$e=\frac{c^4}{1+c^4} \tag{3-8}$$

$$c=\frac{r}{10\times R} \tag{3-9}$$

式中：r 是计算点与台风中心的距离(km)，R 是最大风速半径(km)。

3.4.3 模型验证

为了验证台风过境时模型风场的准确性，选取 1713 号台风“天鸽”与 1720 号台风“卡努”，采用本书方法对风场进行重构，并与实测数据比对。

3.4.3.1 1713 号台风“天鸽”

台风“天鸽”于 2017 年 8 月 20 日 14 时在西北太平洋洋面上生成，8 月 23 日 12 时 50 分前后登陆广东珠海。采用浮标实测数据验证台风模型的精度，浮标数据来自外海浮标 QF305(114.0°E、21.5°N)。图 3-4 给出了实测值和模拟值的对比，实测值和模拟值吻合良好，风速峰值和变化趋势高度一致，甚至捕捉到了局部的小波动。

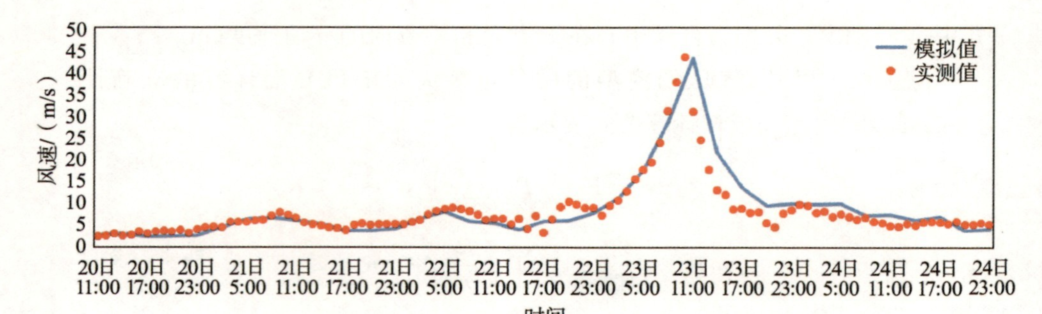

图 3-4　2017 年 8 月台风“天鸽”过程外海浮标实测值与模拟值对比

3.4.3.2　1720 号台风“卡努”

台风“卡努”于 2017 年 10 月 11 日 20 时在菲律宾以东洋面形成，10 月 16 日 3 时 25 分登陆广东徐闻。采用浮标实测数据验证台风模型的精度，浮标数据来自外海浮标 QF306(112.63°E、21.117°N)。图 3-5 给出了实测值和模拟值的对比结果，实测值和模拟值风速峰值相当，变化趋势大体上一致，但在风速达到峰值前的一段时间模拟值偏小，可能是由于浮标位置离台风中心位置较远，重构风场质量下降。在后续其余台风的重构中可适当提高台风半径大小。

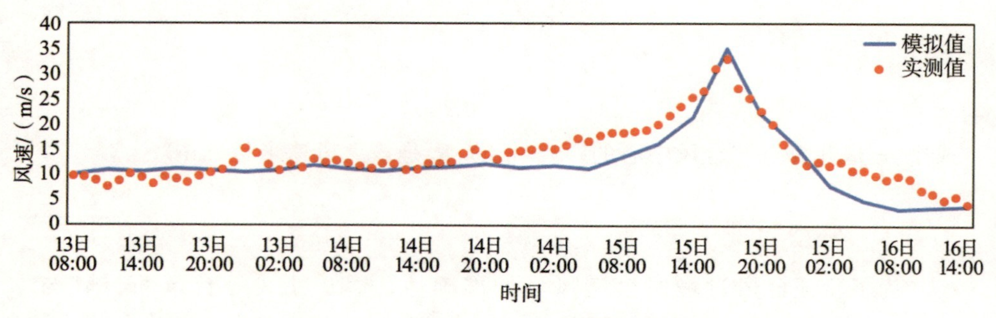

图 3-5　2017 年 10 月台风“卡努”过程外海浮标实测值与模拟值对比

风暴潮数值模拟 4

4.1 ADCIRC 风暴潮数值模型

ADCIRC 是由美国陆军工程兵团(USACE)工程研究与发展中心、圣母大学和北卡罗来纳大学合作开发的水动力计算模型。其控制方程采用布西内斯克近似,在空间和时间上分别采用有限元法和有限差分法进行离散。ADCIRC 能够在高度灵活的非结构化网格上以二维深度集成(2DDI)模式或三维(3D)模式运行。该模型需要风场和压力场以及开边界的潮汐力作为基本输入。对于近岸地区以及地形复杂的区域,可采用较高的网格分辨率,既能对实际地形和岸线进行较为精准的模拟,又可节约计算时间,提高计算精度。

4.1.1 模型控制方程

ADCIRC 控制方程是对连续性方程进行处理得到的广义波动连续性方程(GWCE)。与原有连续性方程相比,GWCE 拥有更高的计算效率和稳定性,方程的表达式为

$$\frac{\partial^2 \zeta}{\partial t^2}+\tau_0 \frac{\partial \zeta}{\partial t}+\frac{\overrightarrow{\partial j}_x}{\partial_x}+\frac{\overrightarrow{\partial j}_y}{\partial_y}-UH\frac{\partial \tau_0}{\partial_x}-VH\frac{\partial \tau_0}{\partial_y}=0 \tag{4-1}$$

其中：

$$\vec{j}_x = -Q_x \frac{\partial U}{\partial_x} - Q_y \frac{\partial U}{\partial_y} + fQ_y - \frac{g}{2}\frac{\partial \xi^2}{\partial_x} - gH\frac{\partial}{\partial x}\left(\frac{P_s}{g\rho_0} - \alpha\eta\right) + \frac{\tau_{sx} - \tau_{bx}}{\rho_0} + M_x - D_x - B_x + U\frac{\partial \xi}{\partial t} + \tau_0 Q_x - gH\frac{\partial \xi}{\partial x} \tag{4-2}$$

$$\vec{j}_y = -Q_x \frac{\partial U}{\partial_x} - Q_y \frac{\partial U}{\partial_y} + fQ_x - \frac{g}{2}\frac{\partial \xi^2}{\partial_y} - gH\frac{\partial}{\partial y}\left(\frac{P_s}{g\rho_0} - \alpha\eta\right) + \frac{\tau_{sy} - \tau_{by}}{\rho_0} + M_y - D_y - B_y + U\frac{\partial \xi}{\partial t} + \tau_0 Q_y - gH\frac{\partial \xi}{\partial y} \tag{4-3}$$

通过垂直积分动量方程求解垂线平均流速，表达式如下：

$$\frac{\partial U}{\partial t} + U\frac{\partial U}{\partial x} + V\frac{\partial U}{\partial y} - fV = -g\frac{\partial}{\partial x}\left(\zeta + \frac{P_s}{g\rho_0} - \alpha\eta\right) + \frac{\tau_{sx} - \tau_{bx}}{\rho_0 H} + \frac{M_x - D_x - B_x}{H} \tag{4-4}$$

$$\frac{\partial U}{\partial t} + U\frac{\partial U}{\partial x} + V\frac{\partial U}{\partial y} - fU = -g\frac{\partial}{\partial y}\left(\zeta + \frac{P_s}{g\rho_0} - \alpha\eta\right) + \frac{\tau_{sy} - \tau_{by}}{\rho_0 H} + \frac{M_y - D_y - B_y}{H} \tag{4-5}$$

式中：H 是总水深，$H=\zeta+h$；ζ 是水表面与平均海面的高差；h 是水深；U、V 是 x 方向和 y 方向沿水深积分的平均流速；Q_x、Q_y 是 x 方向和 y 方向单位宽度的流量，$Q_x=UH$，$Q_y=VH$；f 是科氏力系数；P_s 是海表面大气压；ρ_0 是水的密度；η 表示牛顿潮势；α 表示地球弹性影响因子；g 是重力加速度；τ_s 表示表面应力；τ_b 表示底部切应力；τ_0 是传播过程的优化系数；M 表示垂直积分侧向应力梯度；D 表示动量耗散项；B 表示垂直积分斜压梯度。

4.1.2 模型特征

4.1.2.1 模型驱动力和边界条件

ADCIRC 采用不规则三角网格进行计算，可以较好地描述复杂的岸线边界，提高计算的准确性。模型的驱动力主要包括大气及风应力、法向流、潮汐势能和水位等。网格边界属性可定义，包括陆地边界、岛屿边界、开边界等。可在网格边界施加的条件包括水位、辐射应力、法向流、风应力和大气压强等。表面风应力的求解公式为

$$\vec{\tau} = \rho_a C_d |\vec{W}| \vec{W} \tag{4-6}$$

其中：

$$C_d = 0.001 \times (0.75 + 0.067\vec{W}) \tag{4-7}$$

式中：$\vec{W}$ 为海平面上方 10 m 处的风速；C_d 为风拖曳系数，且 $C_d \leqslant 0.003$。

4.1.2.2 干湿网格法

干湿网格法是由 Luettich 和 Westerink 于 1955 年提出的，有助于判断网格干湿情况，提高计算效率。

ADCIRC 计算过程中，网格节点的水深会发生变化。可在模型控制文件 fort.15 中设置临界水深。在模型计算过程中，节点处计算得到的总水深会与预设的临界水深比较。若节点处的总水深大于模型预设的临界水深，则将该点判定为湿点，参与后续计算；若节点处的总水深小于模型预设的临界水深，则将该点判定为干点，干点只保留水位，不参与计算，干点上的流速默认为 0。

4.1.2.3 底摩擦

ADCIRC 的底摩擦有 3 种形式，分别为线性形式、二次形式和复合形式。

线性形式计算公式为

$$\tau_* = C_f \tag{4-8}$$

二次形式计算公式为

$$\tau_* = \frac{C_f (U^2 + v^2)^{\frac{1}{2}}}{H} \tag{4-9}$$

复合形式计算公式为

$$\begin{cases} \tau_* = \dfrac{C_f (U^2 + v^2)^{\frac{1}{2}}}{H} \\ C_f = C_{fmin} \left[1 + \left(\dfrac{H_C}{H}\right)^{\theta}\right]^{\frac{\lambda}{\theta}} \end{cases} \tag{4-10}$$

式中：U、V 表示垂向平均流速在 x、y 方向上的分量；H 表示总水深；H_C 表示临界水深；C_f 代表摩擦系数，其中 C_{fmin} 通常取 0.002 5，表示底摩擦因子的最小值；λ 是调节从深水到浅水过程中底摩擦系数增大速度的参数，通常取 $\lambda = \frac{1}{3}$；θ 是调节底摩擦系数接近渐近线速度的参数，通常取 $\theta = 10$。

4.2 SWAN 波浪模型

SWAN 是由荷兰代尔夫特理工大学研制开发的第三代波浪数值模型，可用于计算沿海地区、湖泊和河口的波浪。经过多年改进，SWAN 的各项功能已趋于成熟。由于良好的计算稳定性，SWAN 能够充分适应近岸的浅水模拟，广泛应用于近海地区的波浪模拟。

SWAN 的驱动力包括风场、边界条件等，在计算过程中综合考虑多种物理机制，如波浪因地形水深条件变化发生浅化、折射、破碎，以及风生浪、波-波相互作用、白浪等，可以准确反映能量的输入、耗散和转移，因此可以有效描述波浪的生成、发展和消散的演变过程。

SWAN 提供多种坐标系和网格形式供用户灵活选择，坐标系包括球形坐标系和笛卡尔坐标系。其中，球形坐标系提供墨卡托投影和准笛卡尔投影两种投影形式；网格可选择正交网格、三角网格或者曲线网格，可以进行嵌套计算，支持串行与并行计算。在求解方法上，SWAN 采用全隐式有限差分格式求解，相比于显式方法，时间步长相对于空间步长独立。因此，SWAN 是无条件稳定的，可以取较大值，具有较高的计算效率。

4.2.1 SWAN 控制方程

SWAN 控制方程为波作用动谱平衡方程。在考虑流场影响的情况下，谱能量密度不守恒，但波作用量 $N(\sigma,\theta)$ $\left[\text{能量密度与相对频率之比，} N(\sigma,\theta)=\frac{E}{\sigma}(\sigma,\theta)\right]$ 守恒。$N(\sigma,\theta)$随时间、空间而变化。在笛卡尔坐标系下，波作用量平衡方程可表示为

$$\frac{\partial}{\partial t}N+\frac{\partial}{\partial x}C_xN+\frac{\partial}{\partial y}C_yN+\frac{\partial}{\partial \sigma}C_\sigma N+\frac{\partial}{\partial \theta}C_\theta N=\frac{S}{\sigma} \tag{4-11}$$

式中：N 表示波作用量谱密度；t 表示时间；C_x、C_y 表示二维波作用量在 x、y 方向上的传播速度；σ 表示相对波频；θ 表示波向角；C_σ、C_θ 表示波作用量在频率空间和波向空间的传播速度；S 表示源汇项，包括底摩擦耗散、波-波相互作

用、波浪破碎等一系列不同物理过程的源项之和。

$$C_x=\frac{\mathrm{d}x}{\mathrm{d}t}=\frac{1}{2}\left[1+\frac{2kd}{\sinh(2kd)}\right]\frac{\sigma k_x}{k^2}+U_x \tag{4-12}$$

$$C_y=\frac{\mathrm{d}y}{\mathrm{d}t}=\frac{1}{2}\left[1+\frac{2kd}{\sinh(2kd)}\right]\frac{\sigma k_y}{k^2}+U_y \tag{4-13}$$

$$C_\sigma=\frac{\mathrm{d}\sigma}{\mathrm{d}t}=\frac{\partial\sigma}{\partial d}\left[\frac{\partial d}{\partial t}+\vec{U}\cdot\nabla d\right]-C_g\vec{k}\cdot\frac{\partial\vec{U}}{\partial s} \tag{4-14}$$

$$C_\theta=\frac{\mathrm{d}\theta}{\mathrm{d}t}=\frac{1}{k}\left[\frac{\partial\sigma}{\partial d}\frac{\partial d}{\partial m}+\vec{k}\cdot\frac{\partial\vec{U}}{\partial m}\right] \tag{4-15}$$

式中：d 为水深；s 为沿 σ 方向空间坐标；m 为垂直于 s 的坐标；$\vec{k}=(k_x,k_y)$，为波数；$\vec{U}=(U,V)$，为流速；相对频率 $\sigma=\vec{k}\cdot\vec{U}+\omega$，$\omega$ 为波浪的固定频率。

在球坐标系下，SWAN 控制方程表示为

$$\frac{\partial N}{\partial t}+\frac{\partial}{\partial\lambda}C_\lambda N+(\cos\varphi)^{-1}\frac{\partial}{\partial\varphi}C_\varphi N\cos\varphi+\frac{\partial}{\partial\sigma}C_\sigma N+\frac{\partial}{\partial\theta}C_\theta N=\frac{S}{\sigma} \tag{4-16}$$

式中：λ 表示经度；φ 表示纬度；其余参数含义与上文描述一致。

4.2.2 SWAN 物理过程

4.2.2.1 风能输入项

风能是风浪的主要能量来源。SWAN 关于风生浪的计算有两种方案：一是 Phillips 提出的“共振”机制；二是 Miles 提出的剪切流机制结合形式描述风浪的成长。Phillips 和 Miles 两种机制分别在风浪的生成阶段和成长阶段效果较好，因此风能输入源函数可表示为线性增长部分和指数增长部分：

$$S_{\mathrm{wind}}(\sigma,\theta)=A+BE(\sigma,\theta) \tag{4-17}$$

式中：A 表示海浪生成初始阶段的线性增长过程；B 表示海浪成长阶段的指数增长阶段。A 与 B 都依赖于波浪频率、方向和风的大小与方向，其取值直接影响海浪的模拟效果，A 的表达式为

$$A=\frac{1.5\times10^{-3}}{g^2 2\pi}\{U_*\max[0,\cos(\theta-\theta_{\mathrm{w}})]\}^4 H \tag{4-18}$$

式中：U_* 表示摩阻风速，与海平面上方 10 m 处风速的转化关系为 $U_*^2=C_{\mathrm{d}}U_{10}^2$；$C_{\mathrm{d}}$ 为风拖曳力系数；θ 为平均波向；θ_{w} 为风向；H 为滤波参数，可以过滤低于某频率的波浪成分。H 的表达式为

$$H=\exp\left[-\left(\frac{\sigma}{\sigma_{PM}^{*}}\right)^{-4}\right] \tag{4-19}$$

$$\sigma_{PM}^{*}=\frac{0.13g}{28U_{*}}2\pi \tag{4-20}$$

式中：θ_w 为风向，σ_{PM}^{*} 为充分发展海况的 PM 谱谱峰频率。

关于指数增长项 B 有两种可供选择的表达式。

一种表达式由 Komenetal 给出：

$$B=\max\left\{0,0.25\frac{\rho_a}{\rho_w}\left[28\frac{U_{*}}{c_{ph}}\cos(\theta-\theta_w)-1\right]\right\}\sigma \tag{4-21}$$

式中：c_{ph} 表示相速度；ρ_a、ρ_w 分别表示空气与水的密度；θ_w 为风向。

另一种表达式由 Janssen 给出：

$$B=\beta\frac{\rho_a}{\rho_w}\left(\frac{U_{*}}{c_{ph}}\right)^2\max[0,\cos(\theta-\theta_w)]^2\sigma \tag{4-22}$$

式中：β 为 Miles 常数。β 通过无因次临界高度 λ 得出：

$$\begin{cases}\beta=\dfrac{1.2}{k^2}\lambda\ln^4\lambda, \quad \lambda\leqslant 1\\ \beta=0,\lambda>1\\ \lambda=\dfrac{gz_e}{c_{ph}^{2}}e^r,r=kc/|U_{*}\cos(\theta-\theta_w)|\end{cases} \tag{4-23}$$

式中：k 为卡门常数，通常取 $k=0.41$；z_e 是有效海表粗糙长度，与粗糙长度和由波浪引起的诱导应力及海表风引起的湍流风应力有关。

梁书秀等基于 SWAN 模型比较上面两种风能输入方式对台风风浪模拟的效果，发现第一种缺省 Komenetal 形式的风能指数增长项计算效果更好[53]，因此本书采用第一种方法。

4.2.2.2 白浪耗散项

白浪效应是一种波浪破碎现象，多发生在深海。在海面风的持续作用下，波浪逐渐产生、发展，直至波陡超过极限值发生破碎，形成海洋白浪，同时生成的还有海水中的气泡、空气中的水沫，从而造成能量的耗散。SWAN 白浪耗散项采用 WAMDI(1988)提出的表达式：

$$S_{white}(\sigma,\theta)=-\widetilde{\Gamma\sigma}\frac{k}{\tilde{k}}E(\sigma,d) \tag{4-24}$$

式中：$\tilde{\sigma}$、$\tilde{k}$ 分别表示由谱矩计算得出的波频、波数的平均值；Γ 是波陡系数。Γ 的计算公式如下：

$$\Gamma = C_{ds}\left[(1-\delta)+\delta\frac{k}{\tilde{k}}\right]\left(\frac{\tilde{S}}{\tilde{S}_{PM}}\right)^{p} \tag{4-25}$$

式中：$\tilde{S}$ 表示总波陡；$\tilde{S}_{PM}$ 为 $\tilde{S}$ 对应于 PM 谱的值；C_{ds}、δ 和 p 为可调系数。采用 Komenetal 公式的风能输入项时，$C_{ds}=2.36\times10^{-5}$，$\delta=0$，$p=4$；采用 Janssen 公式的风能输入项时，$C_{ds}=4.10\times10^{-5}$，$\delta=0.5$，$p=4$。

4.2.2.3　底摩擦耗散项

波浪在深水区传播时，水深远大于波长，因此不受底摩擦的作用；但是当波浪传播到近岸地区时，水深小于波长的 1/2，波浪运动受到海底地形的影响，会发生能量耗散。底摩擦作用与海底地形和粗糙度有关。SWAN 底摩擦耗散项的表达式为

$$S_{\mathrm{bottom}}(\sigma,\theta) = -C_{\mathrm{bottom}}\frac{\sigma^2}{g^2\sinh^2(kd)}E(\sigma,\theta) \tag{4-26}$$

式中：C_{bottom} 是底摩擦系数。在 SWAN 中有 3 种模型可供选择，分别为 Hasselmann 等提出的 JONSWAP 经验系数、Collins 提出的拖曳律摩阻系数和 Madsen 提出的涡黏模型摩阻系数。本书采用 JONSWAP 常数，取 $C_{\mathrm{bottom}}=0.067\ \mathrm{m^2/s^2}$。$d$ 是水深；σ 是频率；k 是波数；θ 是波向。

4.2.2.4　波浪破碎耗散项

海浪在传播到近岸区域以后，由于水深变浅，波浪受到地形影响发生浅水变形，波长和波速逐渐减小，波高逐渐增大，波陡变大。波陡超过临界值后，波浪发生破碎，能量耗散。SWAN 采用 Battjes 提出的波浪破碎模式。由波浪破碎导致的单位面积上能量的平均耗散率为

$$S_{\mathrm{breaking}}(\sigma,\theta) = -D_{\mathrm{tot}}\frac{E(\sigma,\theta)}{E_{\mathrm{tot}}} \tag{4-27}$$

式中：E_{tot} 表示波浪总能量；D_{tot} 表示波浪能量的消耗系数。D_{tot} 的计算公式如下：

$$D_{\mathrm{tot}} = -\frac{1}{4}\alpha_{\mathrm{BJ}}Q_{\mathrm{b}}\left(\frac{\tilde{\sigma}}{2\pi}\right)H_{\mathrm{m}}^{2} \tag{4-28}$$

式中：$\alpha_{\mathrm{BJ}}=1$；Q_{b} 由破碎波决定。

$$\frac{1-Q_b}{\ln Q_b}=-8\frac{E_{tot}}{H_m^2} \tag{4-29}$$

式中：H_m 为给定深度下波浪未发生破碎的极限波高，通常由 $H_m=\gamma d$ 确定，d 为水深，γ 为破波参数。McCowan 用孤立波一阶近似求解得到水平底坡上的破波参数取值为 0.78。SWAN 取 $\gamma=0.73$。

4.2.2.5　非线性波-波相互作用

波浪成分之间的非线性相互作用是波浪的一个重要特征，其实质是波浪从风中获得的能量在不同频率的成分中重新分配。这种非线性作用对畸形波的形成、波浪破碎等有重要影响。

在深水区，主导海浪谱演变的是四波共振效应：四波相互作用把能量从高频转移到低频，使峰频向低频移动。四波相互作用的发生条件为

$$\sigma_1+\sigma_2=\sigma_3+\sigma_4,\vec{k}_1+\vec{k}_2=\vec{k}_3+\vec{k}_4 \tag{4-30}$$

SWAN 采用离散相互作用近似（discrete interaction approximation，DIA）方法求解，以四幅共振波近似替代共振相互作用：

$$\sigma_1=\sigma_2=\sigma \tag{4-31}$$

$$\sigma_3=\sigma(1+\lambda)=\sigma^+ \tag{4-32}$$

$$\sigma_4=\sigma(1-\lambda)=\sigma^- \tag{4-33}$$

式中：λ 为常数，取值为 0.25。发生四波共振时，σ_3、σ_4 矢量满足以下关系：

$$\theta^3=-11.38°,\theta^4=33.56° \tag{4-34}$$

采用 DIA 方法，四波非线性相互作用 $S_{nl4}(\sigma,\theta)$ 可表示为

$$S_{nl4}(\sigma,\theta)=S_{nl4}^*(\sigma,\theta)+S_{nl4}^{**}(\sigma,\theta) \tag{4-35}$$

式中：$S_{nl4}^*(\sigma,\theta)$ 代表第一组四波，$S_{nl4}^{**}(\sigma,\theta)$ 代表第二组四波。$S_{nl4}^*(\sigma,\theta)$ 可表示为

$$S_{nl4}^*(\sigma,\theta)=2\delta S_{nl4}(\alpha_1\sigma,\theta)-\delta S_{nl4}(\alpha_2\sigma,\theta)-\delta S_{nl4}(\alpha_3\sigma,\theta) \tag{4-36}$$

式中：$\alpha_1=1,\alpha_2=1+\lambda,\alpha_3=1-\lambda$。

在有限水深条件下，对深水区的四波相互作用乘以水深系数 R：

$$S_{nl4}^{finite}=R(k_p d)S_{nl4}^{finite,depth} \tag{4-37}$$

$$S_{nl4}^{finite,depth}=R(k_p d)=1+\frac{C_{sh1}}{k_p d}(1-C_{sh2}kd)\exp(C_{sh3}k_p d) \tag{4-38}$$

式中：k_p 为频率谱的波峰数：$C_{sh1}=5.5$，$C_{sh1}=6/7$，$C_{sh3}=-1.25$。在浅水条

件下 k_p 趋近于 0，会导致非线性传播趋于无穷大，因此设定 $k_p d$ 下限值为 0.5，此时 $R(k_p d)$ 取得最大值 4.43，为了增加模型计算稳定性，波峰数采用 $k_p = 0.75k$ 计算。

在深水区，三波相互作用色散关系和共振条件不能同时满足，因此三波相互作用主要发生在浅水区，把能量从低频转向高频。发生条件为

$$\sigma_1 \pm \sigma_2 = \sigma_3, \vec{k}_1 \pm \vec{k}_2 = \vec{k}_3 \tag{4-39}$$

采用 lumped triad approximation(LTA)方法计算三波相互作用，$S_{nl3}(\sigma, \theta)$ 定义为

$$S_{nl3}(\sigma,\theta) = S_{nl3}^{+}(\sigma,\theta) + S_{nl3}^{-}(\sigma,\theta) \tag{4-40}$$

$S_{nl3}^{+}(\sigma,\theta)$ 和 $S_{nl3}^{-}(\sigma,\theta)$ 可表示为

$$S_{nl3}^{+}(\sigma,\theta) = \max\{0, \alpha_{BE} 2\pi c c_g J^2 |\sin\beta| \{E^2(\sigma/2,\theta) - 2E(\sigma/2,\theta)\} E(\sigma,\theta)\} \tag{4-41}$$

$$S_{nl3}^{-}(\sigma,\theta) = -2S_{nl3}^{+}(2\sigma,\theta) \tag{4-42}$$

式中：α_{BE} 为比例可调系数。β 可近似为

$$\beta = -\frac{\pi}{2} + \frac{\pi}{2}\tanh\left(\frac{0.2}{U_r}\right) \tag{4-43}$$

式中：U_r 为厄塞尔(Ursell)数。只有当 $U_r \in (0.1, 10)$ 时才发生三波相互作用。U_r 根据下式计算：

$$U_r = \frac{H_s \overline{T}^2}{h^2} \frac{g}{8\sqrt{2\pi^2}} \tag{4-44}$$

4.3 SWAN+ADCIRC 波流耦合机理

在近岸地区，风暴潮和波浪之间存在复杂的相互作用关系：一方面，水位和流场的变化会影响波浪传播和破碎位置；另一方面，波浪产生的辐射应力会产生增减水现象并影响水流流动。相关研究表明风生浪会通过影响垂直

方向动量混合和底摩擦影响流场，在大陆架地区波浪作用会导致5%～20%的水位增长，在坡度较大区域最大可达35%[54-55]。因此在近岸地区的风暴潮模拟计算中，必须考虑波流耦合作用。

4.3.1 耦合原理

ADCIRC和SWAN采用同一套计算网格，网格的一致性保证了波流耦合计算可以在两个模型中得到精确的求解。ADCIRC计算得出的水位、流速等结果分布在每一个网格节点上，并且ADCIRC支持多种格式的风场输入。风场数据会在时间和空间上插值到每一个计算节点上，ADCIRC将每个网格节点的风速、水位及流速等要素信息传递至SWAN，SWAN根据接收到的要素信息计算更新每个网格节点上的辐射应力信息并传递回ADCIRC，驱动ADCIRC后续计算。辐射应力梯度$\tau_{sx,\mathrm{waves}}$计算公式如下：

$$\tau_{sx,\mathrm{waves}}=-\frac{\partial S_{xx}}{\partial x}-\frac{\partial S_{xy}}{\partial y} \tag{4-45}$$

$$\tau_{sy,\mathrm{waves}}=-\frac{\partial S_{xy}}{\partial x}-\frac{\partial S_{yy}}{\partial y} \tag{4-46}$$

式中：S_{xx}、S_{yy}、S_{xy}分别为不同方向的波浪辐射应力。

$$\begin{cases}S_{xx}=\rho_0 g\iint\left(n\cos^2\theta+n-\dfrac{1}{2}\right)\sigma N\,\mathrm{d}\sigma\,\mathrm{d}\theta \\ S_{xy}=\rho_0 g\iint(n\sin\theta\cos\theta\sigma N)\,\mathrm{d}\sigma\,\mathrm{d}\theta \\ S_{yy}=\rho_0 g\iint\left(n\sin^2\theta+n-\dfrac{1}{2}\right)\sigma N\,\mathrm{d}\sigma\,\mathrm{d}\theta\end{cases} \tag{4-47}$$

式中：n表示波群速度和相速度的比值；σ表示相对频率；θ表示波向；ρ_0是水的密度；g为重力加速度。

4.3.2 耦合过程

SWAN与ADCIRC耦合计算采用实时耦合的方式，在一个时间步相互传递变量信息，提供实时计算数据，耦合过程如图4-1所示。在耦合时间步长上采用的数值方法不同：ADCIRC采用的是半显式公式，时间步长受到CFD条件限制，时间步长较短；SWAN采用的是全隐式公式，无条件稳定，时间步长取值相对宽松。因此，耦合模型的时间步长宜与 SWAN 时间步长保持一致。

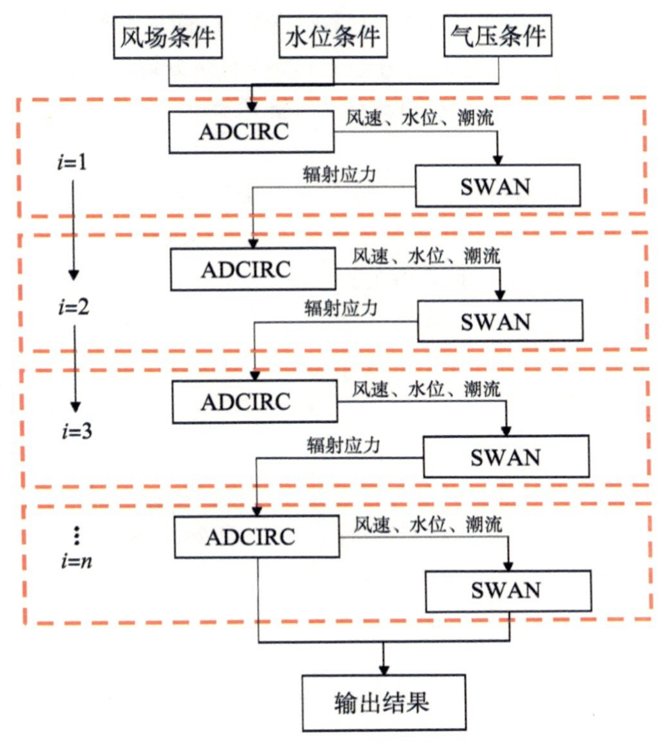

图 4-1　模型耦合过程图

4.4　模型设置与验证

4.4.1　计算区域及网格划分

为了全面、准确地反映广东沿海地区风暴潮的影响，模型计算区域包括越南东部、福建沿海、菲律宾岛部分地区、广西沿海、广东沿海、海南岛和台湾岛，经度范围为 105.6 °E～125.0 °E，纬度范围为 13.8 °N～27.2 °N。

网格采用地表水模拟软件 Surface Water Modeling System(SMS)生成，为非结构化三角网格，总共有 92 341 个网格节点，网格总数为 180 465 个。网格划分采用可变分辨率。在外海开边界区域，网格分辨率大约为 20 km；往内陆方向，网格逐渐加密；在珠江口地区，网格达到最密，网格的最小分辨率为 500 m 左右。

为保证模拟结果的准确性，网格水深采用拼接式水深。在外海区域，采用美国国家海洋和大气管理局(NOAA)的 ETOPO1 水深(https://www.ngdc.noaa.gov/mgg/global/global.html)。在广东沿海地区，采用海图水深(http://www.enclive.cn/)。

4.4.2 模型计算设置

4.4.2.1 模拟时间

SWAN+ADCIRC 耦合波流模型的验证选取 1409 号台风“威马逊”、1713 号台风“天鸽”。ADCIRC 计算时间步长取 20 s，SWAN 计算时间步长取 5 min。耦合模型的时间步长设为 5 min，每 5 min 交换一次数据。

4.4.2.2 初始条件及边界设置

SWAN 主要由风场条件和 ADCIRC 提供的水位、潮流条件驱动，因此边界无须设置特殊条件。风场和气压场采用上文 Jelesnianski 重构后的风场和气压场，时间间隔为 3 h。

ADCIRC 考虑天文潮影响，因此在外海边界条件上施加 8 个天文分潮条件，分别为 K1、K2、M2、N2、O1、P1、Q2、S2，分潮的调和常数来自 TPXO7.2 全球海潮模型。

4.4.2.3 其他设置

近岸地区岸线复杂，岛屿众多。为了保证模型的计算效率和计算准确性，SWAN 和 ADCIRC 都开启干湿判断，水深阈值都设置成 0.05 m。当水深小于 0.05 m 时判断为干点，不参与后续计算。ADCIRC 除了水深阈值外还需设置 NODEDRYMIN、NODEWETMIN、VELMIN 3 个参数。NODEDRYMIN、NODEWETMIN 分别表示网格节点被判断为干、湿状态后维持多少个时间步长后再判断干、湿状态是否发生变化，参考取值范围为 5～20，本书这两个值均取 12；VELMIN 表示当干节点与湿节点水位梯度造成的速度大于设定值时，干节点将会被判定为湿节点，在本书取值为 0.05。

4.4.3 模拟结果验证

4.4.3.1 潮位模拟结果验证

台风“威马逊”模拟计算起止时间为 2014 年 7 月 10 日 0 时至 2014 年 7 月 19 日 18 时，共 234 h，每小时输出一次数据。

对于总水位结果，湛江站无论是高水位还是低水位，模拟值均与实测值接近，总体吻合程度高（图 4-2）；闸坡站在高水位时模拟值与实测值差距较小，但在低水位时模拟值明显低于实测值（图 4-3）。对于风暴增水结果，无论是湛江站还是闸坡站，模拟值总是略低于实测值，但是在增水极值时刻，模拟值与实测值的差距急速缩小，两值十分接近，因此可以认为模拟计算得到的增水极值可以代表实际的增水极值。

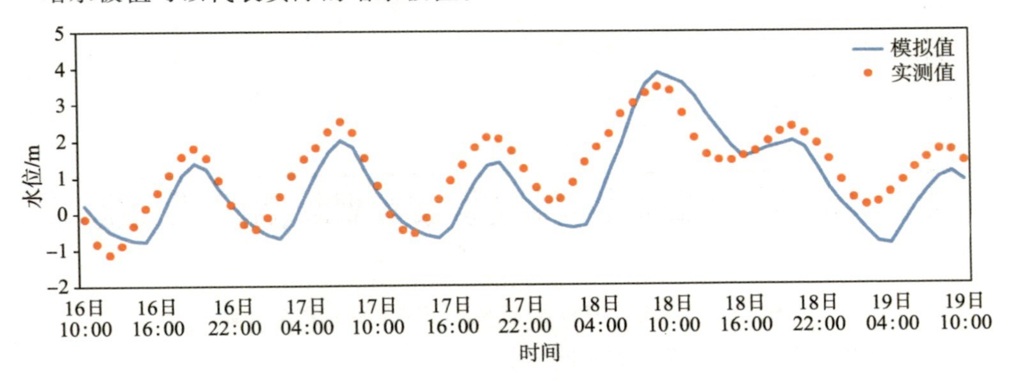

(a) 总水位

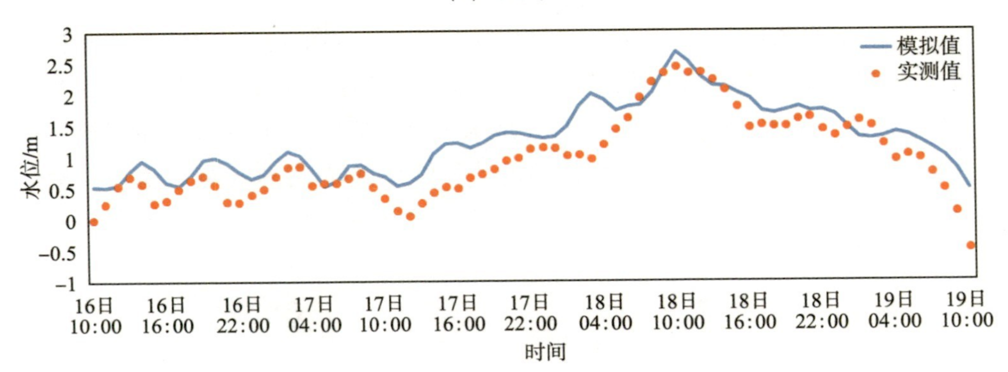

(b) 风暴增水

图 4-2 2014 年 7 月台风“威马逊”湛江站模拟水位验证

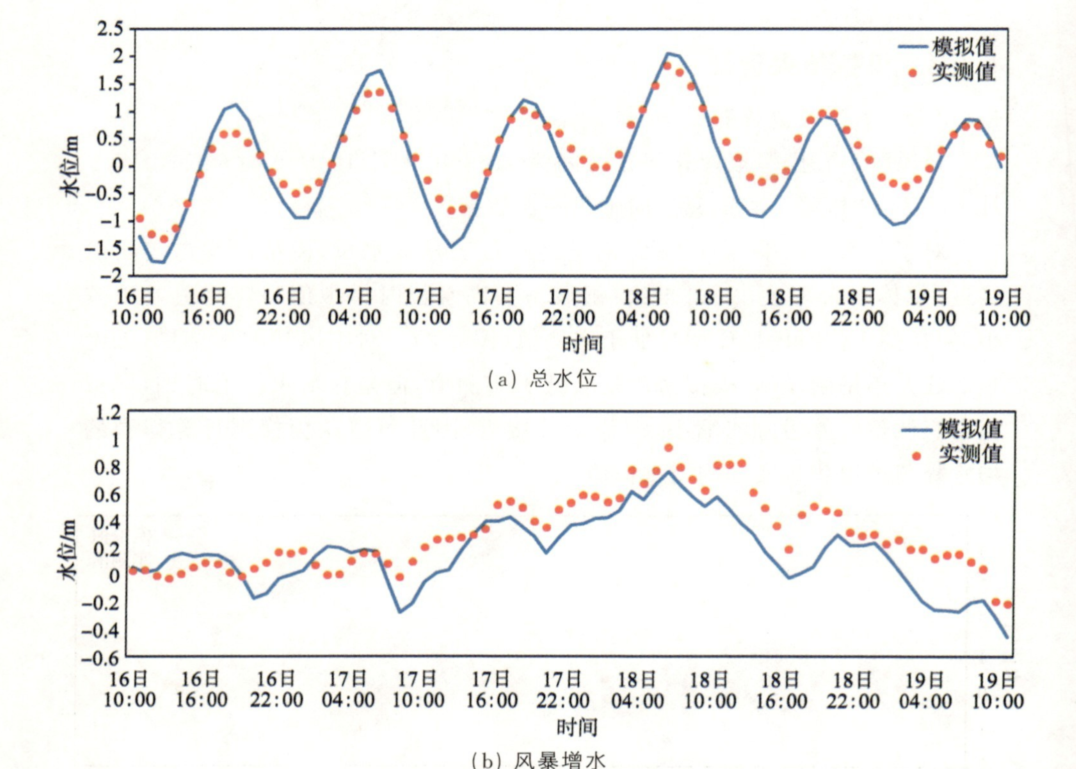

(a) 总水位

(b) 风暴增水

图 4-3　2014 年 7 月台风“威马逊”闸坡站模拟水位验证

台风“天鸽”模拟计算起止时间为 2017 年 8 月 19 日 18 时至 2017 年 8 月 25 日 0 时，共 126 h，每小时输出一次数据。

“天鸽”台风期间，闸坡站总水位的模拟值与实测值趋势一致，且高水位的结果吻合较好，但是低水位模拟值显然低于实测值；风暴增水的规律也类似，实测值与模拟值趋势较为一致，且增水极值模拟较好，但是在其余时刻模拟值比实测值要低（图 4-4）。珠海站的计算结果良好，总水位模拟值与实测值高度一致，误差极小；风暴增水的模拟值与实测值趋势也比较接近，并且对增水极值的反映较好（图 4-5）。

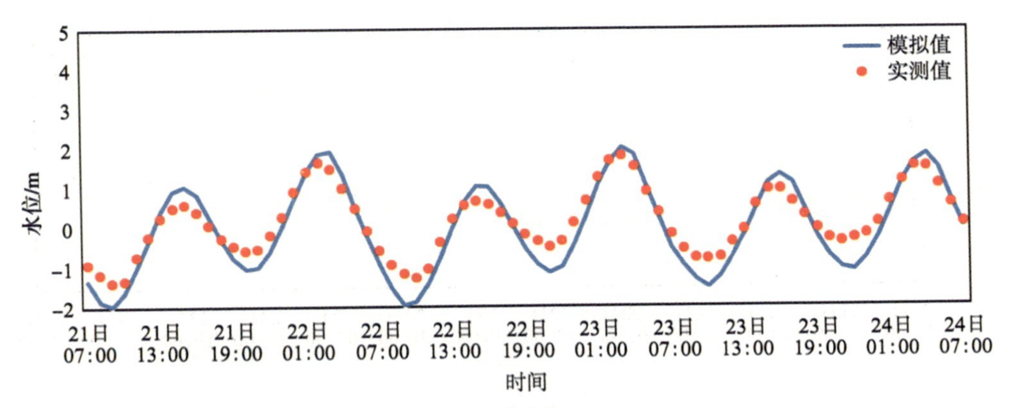

(a) 总水位

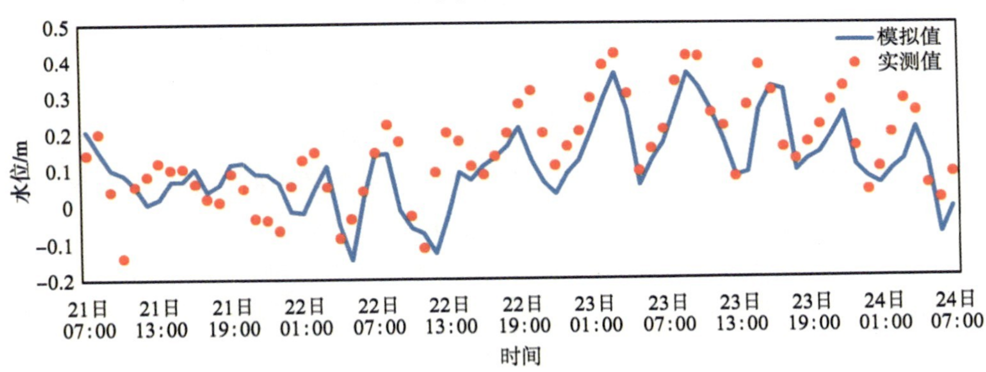

(b) 风暴增水

图 4-4　2017 年 8 月台风“天鸽”闸坡站模拟水位验证

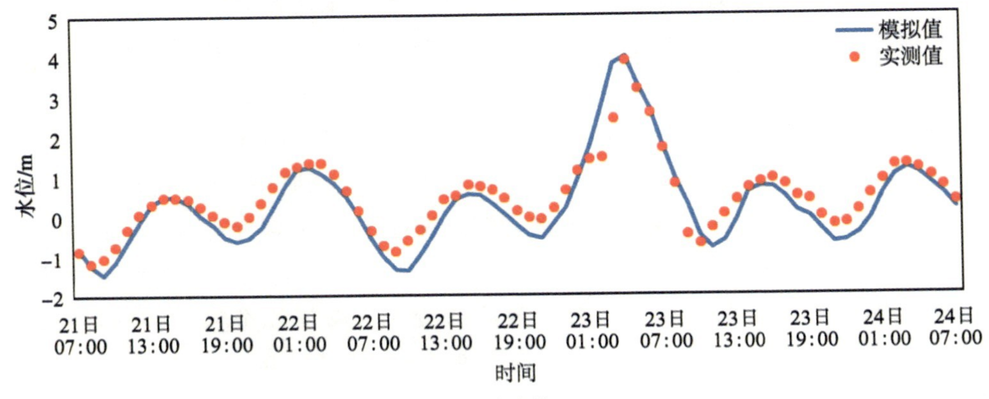

(a) 总水位

图 4-5　2017 年 8 月台风“天鸽”珠海站模拟水位验证

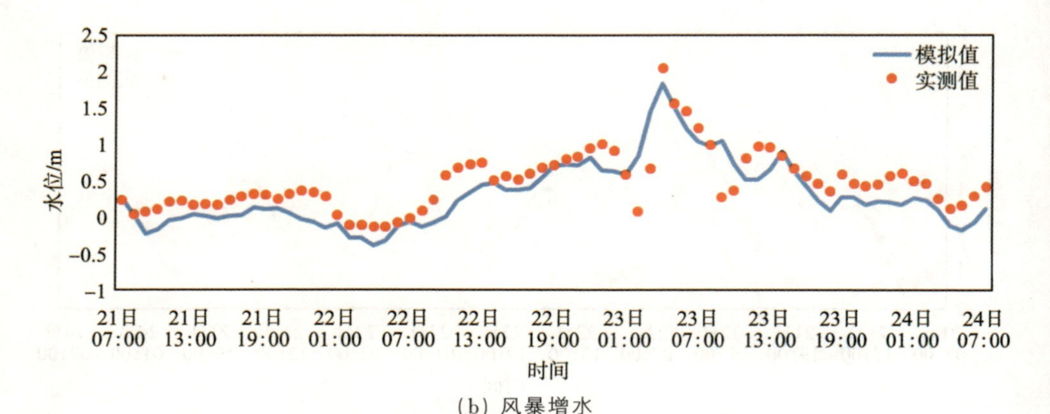

(b) 风暴增水

图 4-5 2017 年 8 月台风“天鸽”珠海站模拟水位验证(续)

分析两场台风的模拟,发现台风“威马逊”湛江站的模拟效果要好于闸坡站,台风“天鸽”珠海站的模拟效果要好于闸坡站,这可能是由于湛江站和珠海站分别到两个台风的中心距离更近,风场的模拟更为准确,因此潮位的计算结果也更好,特别是对于低水位与非极值时刻的增水的模拟。但总体而言,两站模拟计算结果的误差都在可接受范围内,且能较为准确地反映台风过程中的增水极值,所以 SWAN+ADCIRC 耦合波流模型可用于风暴潮潮位的计算。

4.4.3.2 波浪模拟结果验证

由于上文中的几个海洋站离岸较近,且大多受小岛或岸线的掩护,所以波浪较小。为了保证验证结果的可靠,波浪的验证采用台风“天鸽”期间外海浮标数据,所用浮标与 3.4.3 风速验证的浮标一致。图 4-6 与图 4-7 给出了浮标实测值与模型计算值的对比,可以看到:QF305 浮标处的波浪实测值与模拟值整体吻合较好;QF306 浮标处的波浪模拟值与实测值大体上一致,但是对局部的小波动模拟较差。这与 3.4.3 中风场验证时呈现的规律相似,可能是由于 QF305 浮标与台风中心路径距离较近,QF306 浮标与台风中心路径的距离较远,导致两者重构的风场质量有区别。但总体而言,误差都在可接受范围内,特别是两组模拟值对有效波高最大值的描述都较为准确,因此 SWAN+ADCIRC 耦合波流模型可用于风暴潮波浪的计算。

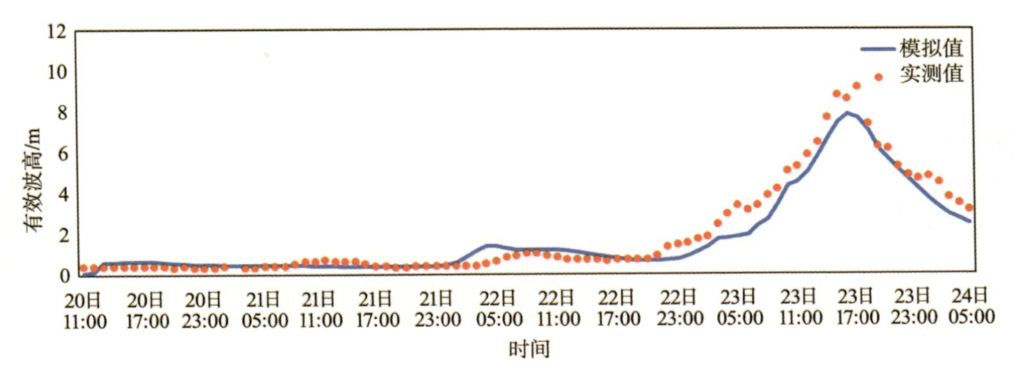

图 4-6 台风“天鸽”期间 QF305 浮标实测值与模拟值对比

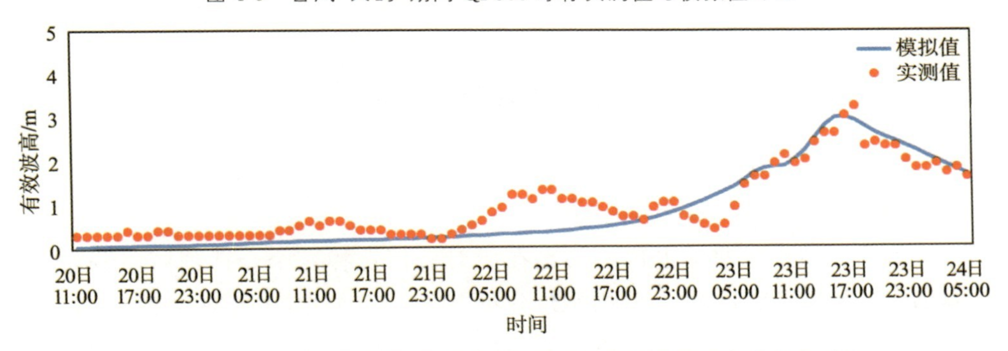

图 4-7 2017 年 8 月台风“天鸽”期间 QF306 浮标实测值与模拟值对比

5 风暴潮灾害特征分析

5.1 极值分布函数

推算不同重现期总水位的关键在于对极值选择一个合适的频率分布。本书主要使用了耿贝尔分布、韦布尔分布、皮尔逊Ⅲ分布(P-Ⅲ型分布)和广义极值(GEV)分布,本书将根据误差分析结果选择合适的统计模型推算不同年份的重现期。

5.1.1 耿贝尔分布

耿贝尔又被称为极值Ⅰ型分布,在海洋水文气象要素的推算上有广泛的应用。耿贝尔分布没有P-Ⅲ型分布的任意性,随机样本中最大值小于某一特定值的概率,概率分布函数为

$$F(x)=P\{X_{max}<x\}=\exp\left[-\exp\left(-\frac{x-\mu}{\sigma}\right)\right] \tag{5-1}$$

式中:σ 是尺度参数;μ 是位置参数。令 $A=\frac{1}{\sigma}$,$B=\mu$,得到耿贝尔分布一般形式:

$$F(x)=P\{X_{max}<x\}=\exp\{-\exp[-A(x-B)]\} \tag{5-2}$$

耿贝尔分布的密度函数为

$$f(x)=A\exp\{-A(x-B)-\exp[-A(x-B)]\} \tag{5-3}$$

A、B 的矩法计算公式为

$$A=\frac{\pi}{\sqrt{6}S} \tag{5-4}$$

$$B=\overline{X}-0.450\,053S \tag{5-5}$$

5.1.2 韦布尔分布

韦布尔分布因瑞典数学家韦布尔对该分布做了详细解释而得名。该分布自提出后被广泛用于材料寿命分析领域中，随后逐渐应用在河流流量计算和风速极值统计等领域。三参数韦布尔分布的概率密度函数形式为

$$f(x)=\frac{\alpha}{\beta}(x-a_0)^{\alpha-1}\exp\left[-\frac{(x-a_0)^{\alpha}}{\beta}\right],x\geqslant a_0 \tag{5-6}$$

其概率密度函数为

$$F(x)=\begin{cases}1-\exp\left[-\dfrac{(x-a_0)^{\beta}}{\alpha}\right],x\geqslant a_0\\ 0,x<a_0\end{cases} \tag{5-7}$$

式中：a_0 为位置参数，$a_0>0$；β 为形状参数，$\beta>0$；α 为尺度参数，$\alpha>0$。以上参数的估计公式为

$$\alpha=\frac{\sum(X_i-\overline{X})(y_i-\overline{y})}{\sum(y_i-\overline{y})^2} \tag{5-8}$$

$$-\ln\beta=\overline{y}-\alpha X \tag{5-9}$$

$$X_i=\ln(x-a_0) \tag{5-10}$$

5.1.3 P-Ⅲ型分布

在多数情况下，P-Ⅲ型分布可以通过不断调整离差系数和均值使拟合效果更好，被广泛应用于海洋环境要素计算。三参数 P-Ⅲ型分布的概率密度函数为

$$f(x)=\frac{\beta^{\alpha}}{\Gamma(\alpha)}(x-a_0)^{\alpha-1}e^{-\beta(x-a_0)},x\geqslant a_0,\alpha>0 \tag{5-11}$$

式中：a_0 是位置参数，$0<a_0<x_{\min}$；α 是形状参数；β 是尺度参数。

$$\alpha=\frac{4}{c_s^2} \tag{5-12}$$

$$\beta=\frac{2}{sc_s}=\frac{2}{\bar{x}c_v c_s} \tag{5-13}$$

$$a_0=\bar{x}\left(1-\frac{2c_v}{c_s}\right) \tag{5-14}$$

式中：$\bar{x}$ 表示随机变量均值；s 表示随机变量标准差；c_v 表示随机变量偏差系数；c_s 表示随机变量的离差系数。

5.1.4 GEV 分布模型

GEV 分布模型的研究对象是实测数据中的极大/极小值，是对耿贝尔分布、弗雷歇分布、韦布尔分布的广义统一。该分布在海洋环境要素的设计中也有着广泛使用。

若随机变量 X 服从 GEV 分布，那么它的概率密度函数为

$$f(x)=\frac{1}{\alpha}\left[1-k\left(\frac{x-\mu}{\alpha}\right)\right]^{1/k-1}\exp\left\{-\left[1-k\left(\frac{x-\mu}{\alpha}\right)\right]^{1/k}\right\} \tag{5-15}$$

其分布函数为

$$F(x)=\exp\left\{-\left[1-k\left(\frac{x-\mu}{\alpha}\right)\right]^{\frac{1}{k}}\right\},1-k\left(\frac{x-\mu}{\alpha}\right)>0 \tag{5-16}$$

式中：μ 为位置参数；α 为尺度参数；k 为形状参数。

5.2 拟合优度检验

5.2.1 科尔莫戈罗夫-斯米尔诺夫检验（K-S 检验）

K-S 检验是一种拟合优度检验的方法。在采用某一理论分布对样本进行拟合后，需要对其进行拟合优度检验，利用实测样本数据判断其是否服从于

某一理论分布。假设$F(x)$为样本总体X的分布函数，$F_0(x)$为已知理论分布，令原假设为$H_0: F(x)=F_0(x)$；备选假设为$H_1: F(x) \neq F_0(x)$。选取统计量D_n，则

$$D_n = \sup_{-\infty < x + \infty} |F_n(x) - F_0(x)| \tag{5-17}$$

式中：$F_n(x)$是经验概率分布函数，令

$$\begin{cases} d_k^{(1)} = |F_n(x_k) - F_0(x_k)| \\ d_k^{(2)} = |F_n(x_{k+1} - F_0(x_k)| \end{cases}, (k=1,2,\cdots,n) \tag{5-18}$$

则统计量D_n的观测值为

$$\widehat{D}_n = \max_{1 \leqslant k \leqslant n} \{d_k^{(1)}, d_k^{(2)}\} \tag{5-19}$$

对不同样本容量n取显著水平$\alpha=0.05$，通过查表可得到K-S检验的临界值$D_n(0.05)$。如果$\widehat{D}_n < D_n(0.05)$，则接受原假设$H_0$，样本总体分布符合理论分布；如果$\widehat{D}_n \geqslant D_n(0.05)$，则拒绝原假设，样本总体分布不符合理论分布。

5.2.2 均方根误差

均方根误差用于评估模拟值与理论值的误差大小。均方根误差越小，说明模拟值与理论分布函数吻合越好。均方根误差的表达式为

$$\mathrm{RMSE} = \sqrt{\frac{1}{n} \sum\nolimits_{i=1}^{n} [F_n(i) - F_0(i)]^2} \tag{5-20}$$

式中：n为样本容量；F_n表示经验分布的概率值；F_0表示理论分布的概率值。

5.2.3 AIC 准则

AIC准则是由日本学者赤池弘次1974年提出的衡量统计模型拟合优良性的一种标准。AIC越小，表明模型性能越好。一般情况下，AIC准则表示为

$$\mathrm{AIC} = 2k + n\ln(\mathrm{MSE}) \tag{5-21}$$

$$\mathrm{MSE} = \frac{1}{n-k} \sum\nolimits_{i=1}^{n} [F_n(i) - F_0(i)]^2 \tag{5-22}$$

式中：k表示极值分布参数的数量。

5.3 水位重现值推算

5.3.1 推算站点

将广东沿海划分为3个区域。其中,粤西的湛江地区、珠三角的珠江口地区以及粤东的汕尾一带极端水位较高,风暴潮强度比较大。选择这些极端水位较大的危险位置推算重现期可大致反映该地区的风险情况。同时,站点的选择尽量靠近已用于上文数据验证的湛江、闸坡、珠海等海洋站,保证数据可靠性。

粤西的湛江市辖区面积大、跨度广,岸线有较大的弯曲,因此在湛江地区选择了两个站点。从水位分布特征上看,雷州半岛东部岸线和吴川市沿岸一带的极值水位较高,站点主要从这两个区域选择。因为SWAN+ADCIRC模型的波浪衍射计算效果一般,所以应选择岸线较开阔处的位置,避免岛屿遮蔽作用对数据结果有较大影响。综上,在湛江地区选择了和安及吴川两个站点,和安站位于湛江市徐闻县东北部地区,吴川站位于湛江市吴川市西部岸线。徐闻县与吴川市都是饱受台风侵扰的地区,在过去几十年中有不少台风在这两地登陆,给当地带来了巨大的损失。在珠三角选择了珠江口西岸的珠海市香洲区沿岸站点,该站点的极值水位较大且与珠海站的距离较近。在粤东地区选择了汕尾西部红海湾沿岸站点,该站点同样极值水位大且与汕尾站的距离近。为了与海洋站名字区分,上述两站点以所在辖区命名,分别为香洲站和城区站。考虑到选择的站点位应覆盖广东沿海地区,在粤西地区与珠三角地区交界处额外选择一站点,其位于阳江市东部雅韶镇沿岸,水位较大且到海陵岛的距离相对较远,岛屿的遮蔽作用较小。最终代表站点的选择及其经纬度坐标见表5-1。

表 5-1　推算站点位置

站点	所属区域	经度	纬度	水深/m
和安	湛江市徐闻县	110.362°E	20.680°N	2.90
吴川	湛江市吴川市	110.719°E	21.344°N	3.05
雅韶	阳江市阳东区	112.028°E	21.774°N	2.92
香洲	珠海市香洲区	113.594°E	22.300°N	2.96
城区	汕尾市城区	115.265°N	22.791°N	2.98

5.3.2　水位重现值推算

采用 4 种分布模型推算的不同重现期各个站点的总水位分布或风暴增水极值分布拟合曲线如图 5-1～图 5-5 所示，结果记录在表 5-2 中。

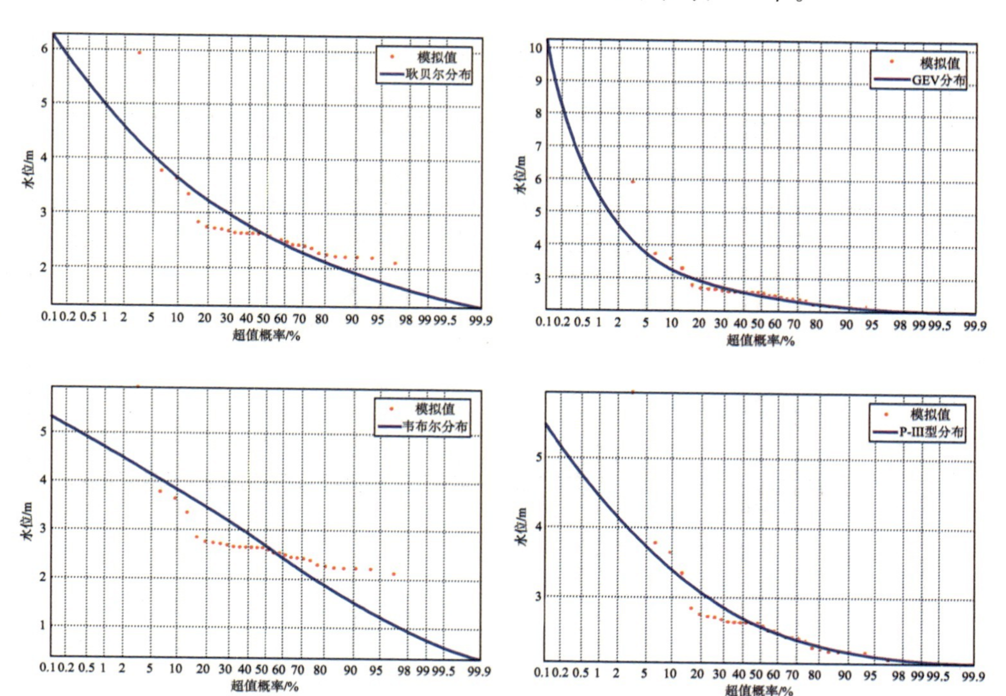

图 5-1　和安站总水位分布拟合曲线

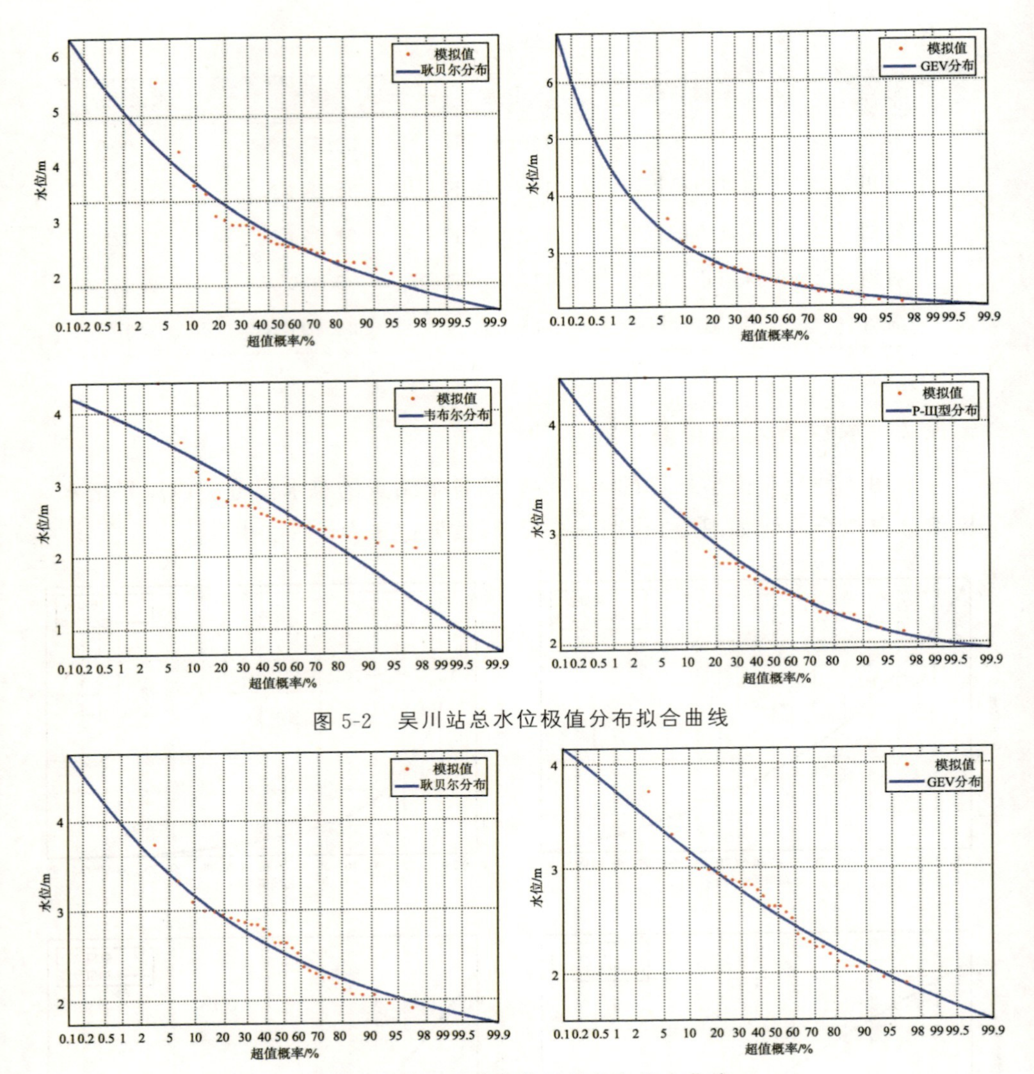

图 5-2　吴川站总水位极值分布拟合曲线

图 5-3　雅韶站总水位极值分布拟合曲线

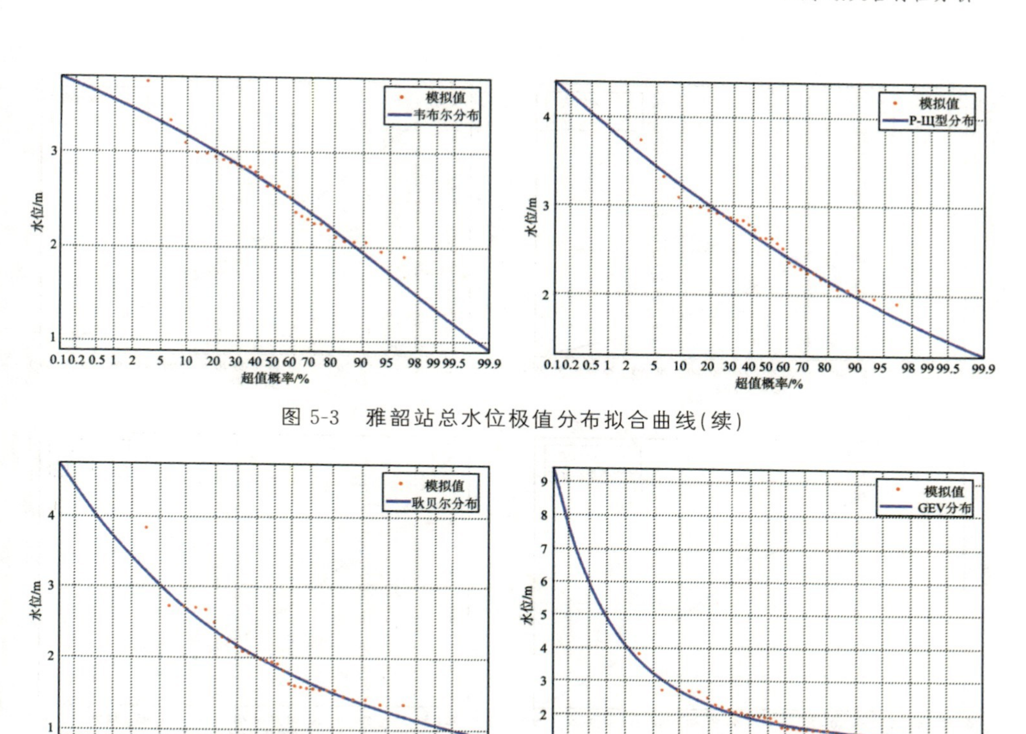

图 5-3　雅韶站总水位极值分布拟合曲线(续)

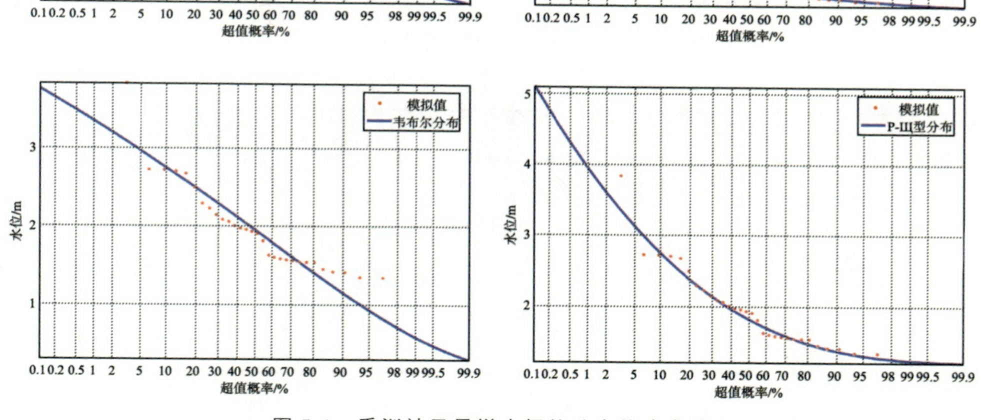

图 5-4　香洲站风暴增水极值分布拟合曲线

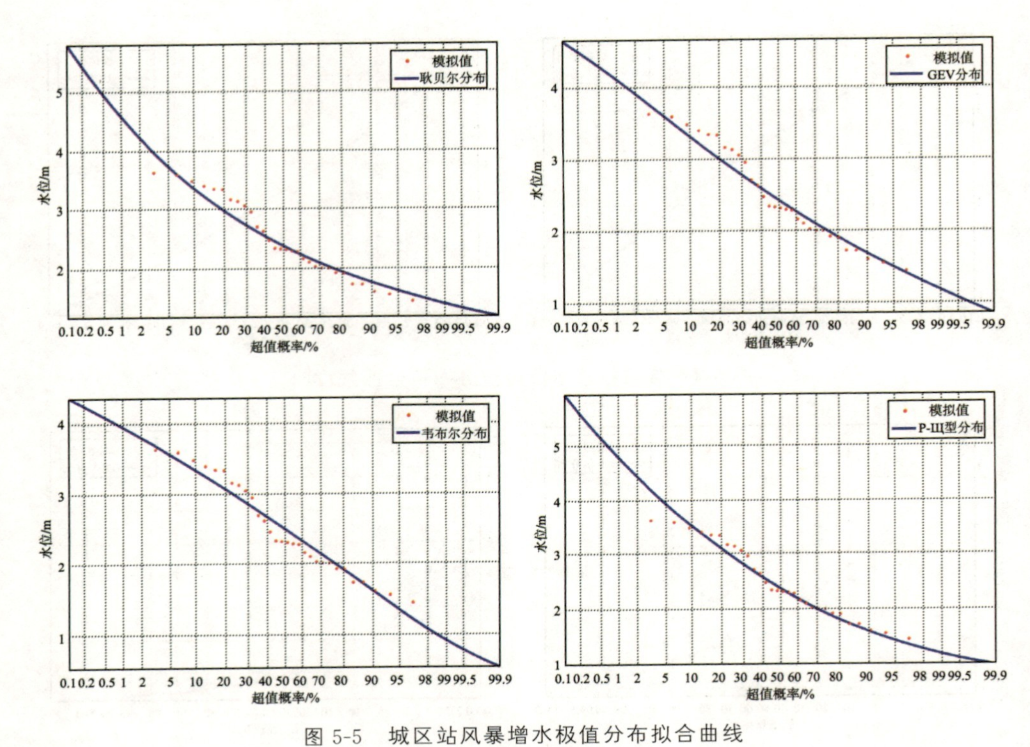

图 5-5　城区站风暴增水极值分布拟合曲线

表 5-2　各站点不同重现期总水位及拟合优度检验

站点	分布	$\hat{D}_n$	$D_n(0.05)$	RMSE	AIC	重现期/年			
						10	25	50	100
和安	耿贝尔分布	0.245 7	0.241 7	0.113 9	51.34	3.66	4.19	4.59	4.98
	GEV 分布	0.132 8		0.057 4	33.22	3.33	3.98	4.63	5.46
	韦布尔分布	0.302 7		0.152 6	74.36	3.84	4.25	4.50	4.73
	P-Ⅲ型分布	0.206 5		0.074 5	38.29	3.41	3.84	4.15	4.47
吴川	耿贝尔分布	0.134 6	0.241 7	0.062 3	30.11	3.22	3.57	3.83	4.08
	GEV 分布	0.081 3		0.029 4	24.47	3.11	3.56	3.98	4.47
	韦布尔分布	0.221 6		0.120 0	52.35	3.34	3.58	3.73	3.86
	P-Ⅲ型分布	0.120 0		0.051 1	29.07	3.13	3.41	3.61	3.80

续表

站点	分布	$\hat{D}_n$	$D_n(0.05)$	RMSE	AIC	重现期/年			
						10	25	50	100
雅韶	耿贝尔分布	0.142 7	0.241 7	0.070 2	39.18	3.16	3.49	3.73	3.97
	GEV 分布	0.110 5		0.054 1	40.53	3.17	3.42	3.59	3.74
	韦布尔分布	0.104 1		0.039 8	42.13	3.18	3.35	3.46	3.55
	P-Ⅲ型分布	0.103 6		0.041 1	42.03	3.25	3.53	3.72	3.89
香洲	耿贝尔分布	0.139 1	0.241 7	0.047 1	45.00	2.70	3.12	3.42	3.73
	GEV 分布	0.128 1		0.056 7	44.21	2.73	3.44	4.12	4.96
	韦布尔分布	0.167 2		0.070 2	55.86	2.76	3.04	3.21	3.36
	P-Ⅲ型分布	0.096 9		0.039 3	43.74	2.76	3.25	3.60	3.96
城区	耿贝尔分布	0.127 7	0.241 7	0.056 5	63.91	3.36	3.86	4.23	4.59
	GEV 分布	0.124 5		0.057 8	65.63	3.33	3.69	3.92	4.12
	韦布尔分布	0.163 8		0.065 4	64.67	3.35	3.63	3.80	3.96
	P-Ⅲ型分布	0.089 1		0.037 7	66.72	3.54	4.07	4.45	4.81

从表 5-2 可以看出，除和安站以外，4 种分布的检验统计量都小于检验标准 $D_n(0.05)$，表明都通过了假设性检验，和安站耿贝尔分布和韦布尔分布未通过假设性检验。对每一种分布都分别计算了 RMSE 和 AIC。综合几个站点的情况看，GEV 分布的 RMSE 和 AIC 是 4 种分布模型中相对较小的，即 GEV 分布的理论曲线能与 4 个站点的样本数据更好地拟合。表 5-3 给出了采用 GEV 分布推算的各重现期总水位。

表 5-3　GEV 分布推算的各重现期总水位

站点	10 年一遇/m	25 年一遇/m	50 年一遇/m	100 年一遇/m
和安	3.33	3.98	4.63	5.46
吴川	3.11	3.56	3.98	4.47
雅韶	3.17	3.42	3.59	3.74
香洲	2.73	3.44	4.12	4.96
城区	3.33	3.69	3.92	4.12

在海岸防护和工程设计中,50 年一遇和 100 年一遇的水位是需要重点关注的参考要素,要着重研这两种情况下的设计参数。本书选取的 5 个站点反映了各自地区的水位情况。统一重现期下,和安站水位最大,其次是香洲站、吴川站、城区站和雅韶站。在 100 年一遇的情况下,和安站的水位为 5.46 m,香洲站的水位为 4.96 m,吴川站的水位为 4.47 m,城区站的水位为 4.12 m,雅韶站的水位为 3.74 m;在 50 年一遇的情况下,和安站的水位为 4.63 m,香洲站的水位为 4.12 m,吴川站的水位为 3.98 m,城区站的水位为 3.92 m,雅韶站的水位为 3.59 m。

5.3.3 风暴增水重现值推算

风暴潮过程中的水位包括天文潮和风暴增水两部分。不同重现期风暴增水的推算方法与上文总水位的推算方法一致。经过比较发现采用 GEV 分布拟合效果不如 P-Ⅲ型分布,因此选择 P-Ⅲ型分布进行极值推算。拟合分布曲线及结果记录如图 5-6 和表 5-4 所示。

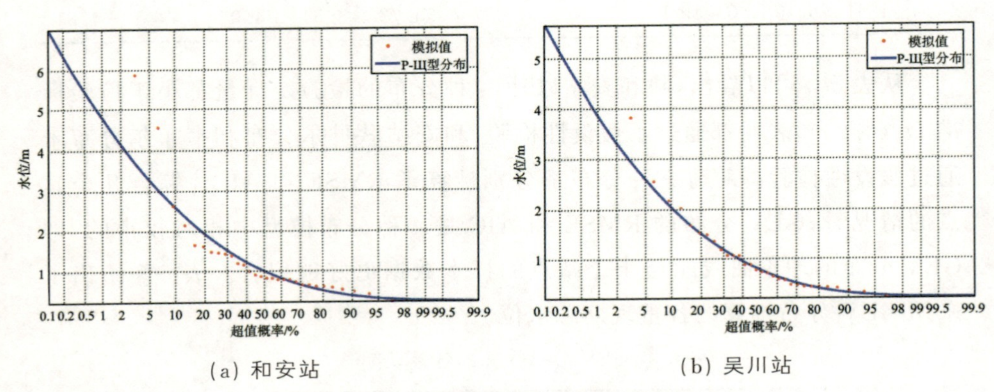

(a) 和安站　　(b) 吴川站

图 5-6　各站点风暴增水极值分布拟合曲线

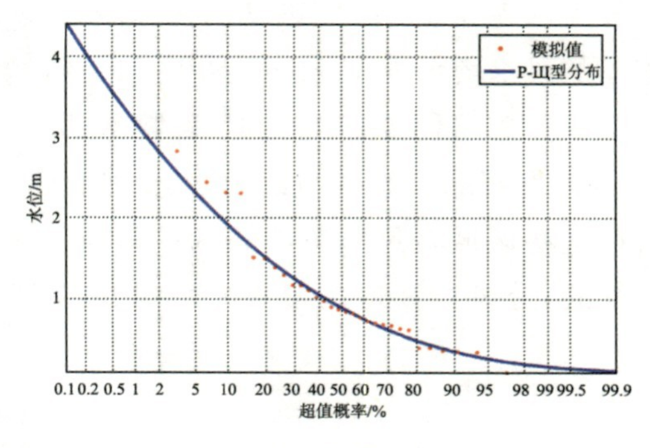

(c) 雅韶站

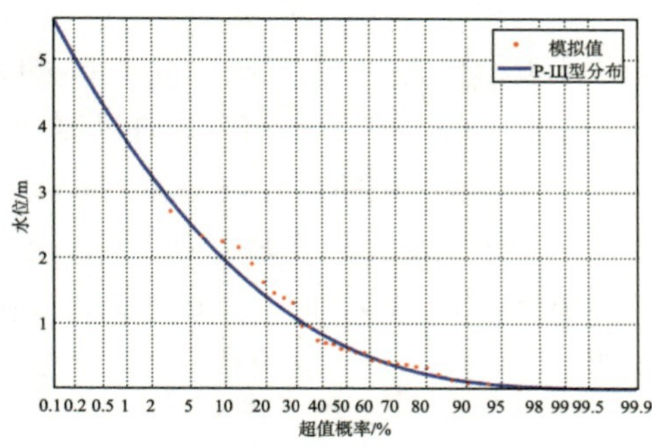

(d) 香洲站

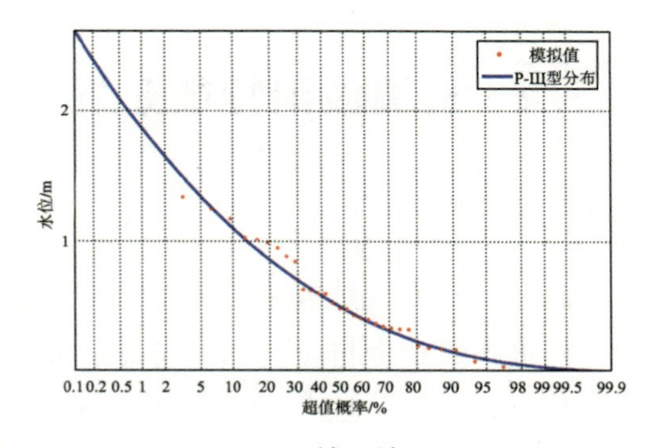

(e) 城区站

图 5-6 各站点风暴增水极值分布拟合曲线(续)

表 5-4 P-Ⅲ型分布推算的各重现期风暴增水

站点	10 年一遇/m	25 年一遇/m	50 年一遇/m	100 年一遇/m
和安	2.60	3.48	4.14	4.80
吴川	2.05	2.77	2.32	3.86
雅韶	1.92	2.45	2.83	3.20
香洲	1.98	2.70	3.25	3.79
城区	1.10	1.42	1.65	1.87

本书选取的5个站点的风暴增水大小规律和水位类似，统一重现期下和安站的风暴增水最大，其次是吴川站、香洲站、雅韶站和城区站。在100年一遇的情况下，和安站的风暴增水为4.80 m，吴川站的风暴增水为3.86 m，香

洲站的风暴增水为 3.79 m,雅韶站的风暴增水为 3.20 m,城区站的风暴增水为 1.87 m;在 50 年一遇的情况下,和安站的风暴增水为 4.14 m,吴川站的风暴增水为 3.32 m,香洲站的风暴增水为 3.25 m,雅韶站的风暴增水为 2.83 m,城区站的风暴增水为 1.65 m。可以发现除了城区站以外,其余地区的总增水主要由风暴增水所贡献,说明在这些区域台风的影响较为明显;而在城区站,总增水主要是由天文高潮贡献的,台风对该地区增水的影响并不明显。

5.4 极端波浪特征分析

在近岸地区风暴潮灾害中,波高是重要的致灾因子之一。风暴潮使得近岸地区水位抬升,波浪的极限波高也相应上升。当极端水位与极端波浪叠加在一起时,海浪越过海堤,淹没堤后地区,冲击行人与车辆,同时也加速了对海堤的破坏。极端波高值直接影响越浪量的计算,对海岸防洪标准的确定起关键作用。

波高的重现值推算采用工程上常用的推算方法:对每个站点分别建立小区域网格,输出每个站点附近 30 m 等深线处的 SWAN+ADCIRC 耦合计算结果,采用合理的分布函数分析波高概率特征,得到 30 m 等深线处的波高重现值作为边界波浪条件,并以上文推算得到的重现期水位值作为水位条件驱动小区域网格 SWAN 计算,得到每个站点处的重现期波高。

经过综合比较,P-Ⅲ型分布对有效波高的极值推算误差较小,因此采用 P-Ⅲ型分布推算 30 m 等深线处的重现期波高。将 30 m 处的波高数据按 16 个方向进行分类,选择波高最大的 3 个方向为主要方向。拟合曲线和波浪要素结果见图 5-7～图 5-10 和表 5-5～表 5-8。

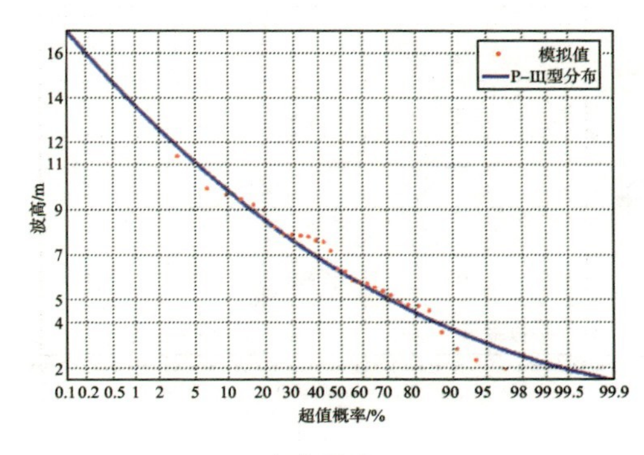

(a) E 向

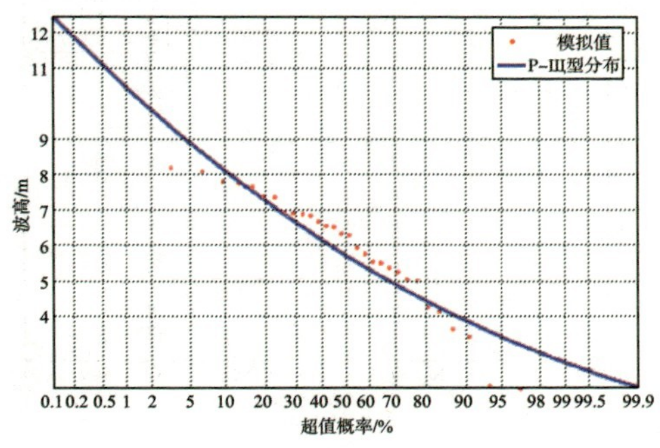

(b) ENE 向

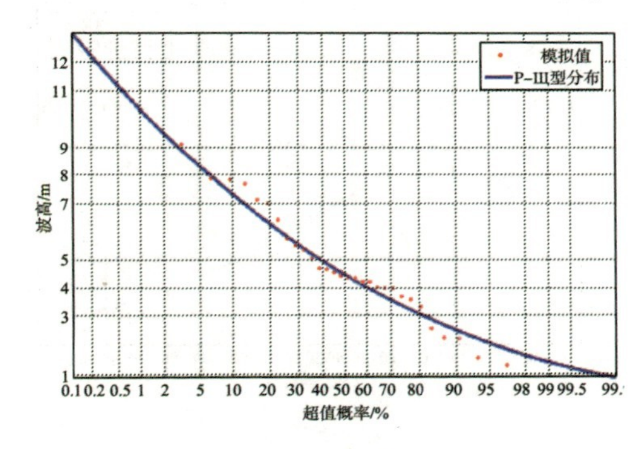

(c) ESE 向

图 5-7　湛江地区 30 m 等深线处波浪极值分布拟合曲线

表 5-5　湛江地区 30 m 等深线处 P-Ⅲ型分布推算的各重现期波高

方向	波高/m			
	10	25	50	100
E	9.86	11.47	12.60	13.67
ENE	8.12	9.13	9.83	10.48
ESE	7.34	8.63	9.52	10.38

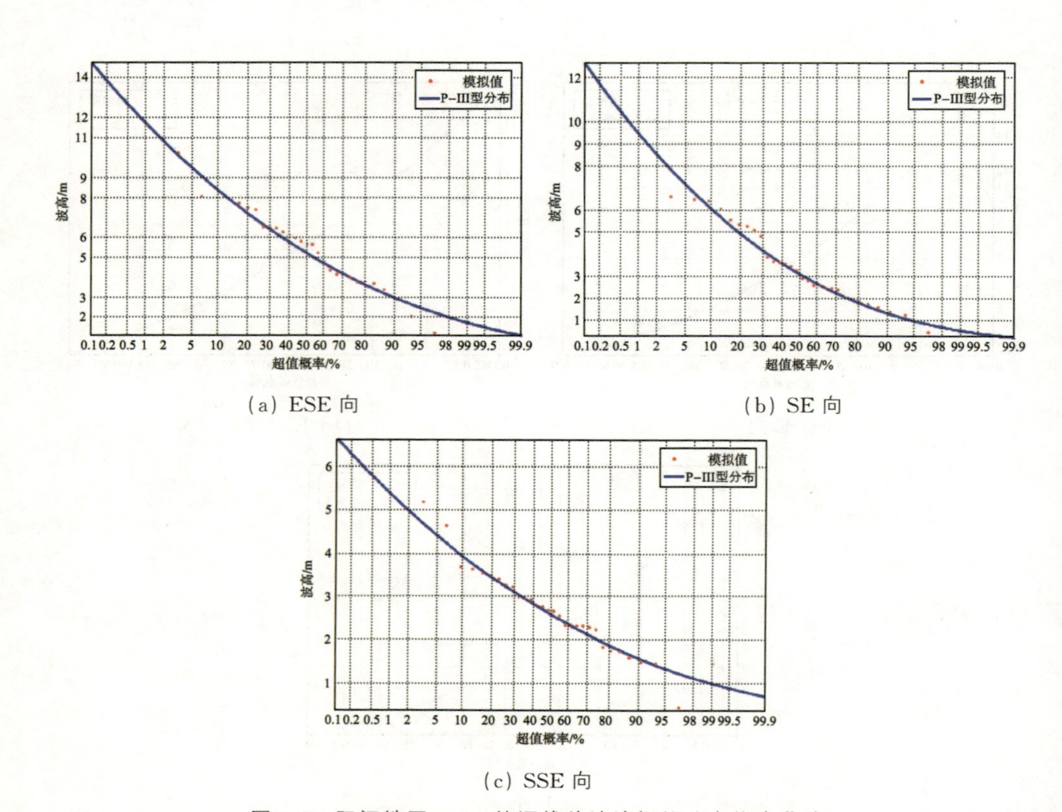

(a) ESE 向

(b) SE 向

(c) SSE 向

图 5-8　阳江地区 30 m 等深线处波浪极值分布拟合曲线

表 5-6　阳江地区 30 m 等深线处 P-Ⅲ型分布推算的各重现期波高

方向	波高/m			
	10	25	50	100
ESE	8.39	9.83	10.83	11.79
SE	6.06	7.49	8.51	9.50
SSE	3.95	4.56	4.98	5.38

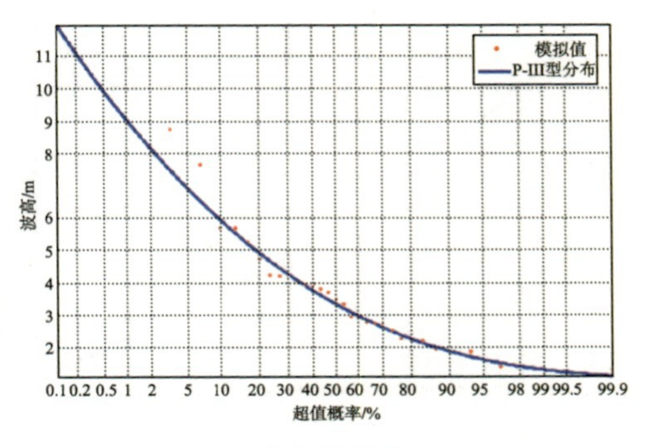

(a) ESE 向

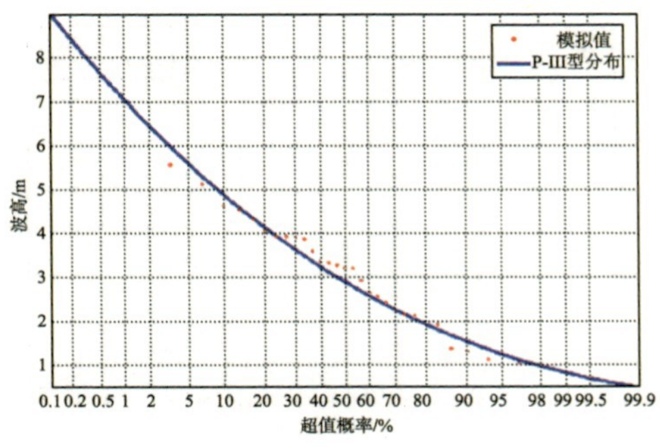

(b) SE 向

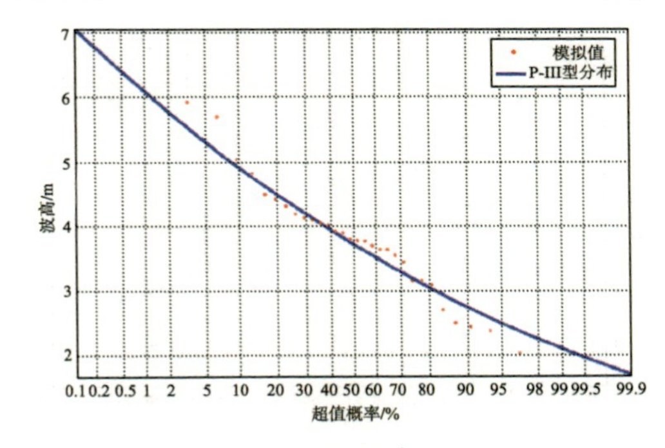

(c) SSW 向

图 5-9 珠海地区 30 m 等深线处波浪极值分布拟合曲线

表 5-7 珠海地区 30 m 等深线处 P-Ⅲ型分布推算的各重现期波高

方向	波高/m			
	10	25	50	100
ESE	5.95	7.23	8.16	9.06
SE	4.89	5.80	6.44	7.05
SSW	4.93	5.43	5.77	6.09

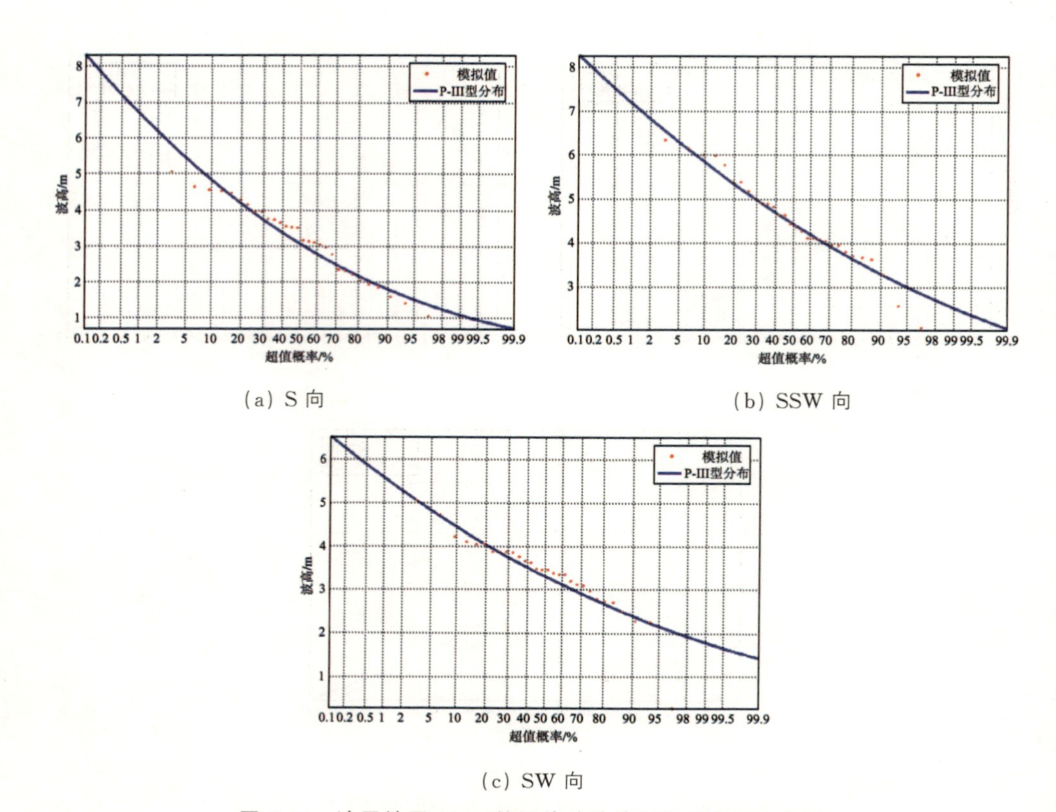

(a) S 向

(b) SSW 向

(c) SW 向

图 5-10　汕尾地区 30 m 等深线处波浪极值分布拟合曲线

表 5-8　汕尾地区 30 m 等深线处 P-Ⅲ型分布推算的各重现期波高

方向	波高/m			
	10	25	50	100
S	4.84	5.63	6.18	6.70
SSW	5.84	6.41	6.80	7.17
SW	4.46	4.94	5.28	5.59

周期条件由《港口与航道水文规范》(JTS 145—2015)中风浪的波高与周期近似关系拟合得到。将各区域 30 m 等深线处不同方向不同重现期的波浪条件与对应重现期的水位条件输入 SWAN,得到推算点处不同重现期波浪。可以发现,近岸地区 5 个站点的 100 年一遇水位大都在 3 m 左右,湛江地区的波浪最大。最大值为吴川站 E 向波浪,100 年一遇波高达到 3.44 m。与同属

湛江的和安站比较，吴川站所处位置较开阔，受岛屿、岸线影响较小，且受到地形作用，波浪发生折射，向吴川站传播，因此相同的波浪边界条件下，吴川站100年一遇水位低于和安站，却产生了比和安站更大的波浪。而阳江地区雅韶站的波浪最小，100年一遇浪高最小值为SSE向波浪2.36 m，且与10年一遇波高相差不大，该点波浪受地形水深的影响明显(表5-9)。

表5-9　各站点重现期波要素

站点	方向	10年一遇		25年一遇		50年一遇		100年一遇	
		波高/m	周期/s	波高/m	周期/s	波高/m	周期/s	波高/m	周期/s
和安	E	2.30	5.68	2.61	5.86	2.96	5.93	3.27	6.27
	ENE	2.21	5.65	2.48	5.90	2.75	6.15	3.08	6.45
	ESE	2.25	5.68	2.45	6.00	2.71	6.29	3.03	6.61
吴川	E	2.80	6.74	2.95	6.62	3.18	6.55	3.44	6.43
	ENE	2.69	6.72	2.88	6.85	3.06	6.96	3.28	7.05
	ESE	2.73	6.59	2.92	6.90	3.09	7.05	3.29	7.20
雅韶	ESE	2.27	5.53	2.41	5.52	2.53	5.51	2.68	5.43
	SE	2.22	5.70	2.33	5.80	2.40	5.86	2.48	5.80
	SSE	2.09	5.89	2.21	6.01	2.29	6.06	2.36	5.86
香洲	ESE	2.15	5.50	2.43	5.78	2.71	6.07	3.03	6.40
	SE	2.07	5.58	2.34	5.91	2.59	6.20	2.90	6.57
	SSW	1.86	5.41	2.09	5.74	2.34	6.03	2.55	6.44
城区	S	2.63	6.43	2.81	6.64	2.92	6.76	3.04	6.81
	SSW	2.67	6.49	2.83	6.64	2.93	6.78	3.01	6.84
	SW	2.57	6.37	2.75	6.59	2.85	6.67	2.95	6.78

6 风暴潮越浪风险评估

沿海地区是否存在安全风险，通常与水位、波浪以及海堤 3 个方面的要素有关，然而目前针对风暴潮灾害的风险评估往往更关注水位升高引发的淹没风险，低估了波浪的影响。波浪传播到海堤上时会沿着堤身爬升。当波浪爬高大于海堤高程时，部分水体将越过堤顶，冲击海堤后坡及堤后地带，这种现象便是越浪。

与堤前水位高于海堤高程直接造成淹没不同，发生越浪时，堤前的水位低于海堤高程，越过海堤的只是少部分水体，流量小，形成的越浪水流也是间断、不连续的，但是越浪流对沿海地区安全的影响却不容小觑。一方面，越过海堤的水体会在后坡形成强紊动的高速水流，淘刷土体或导致背水坡防护层的破坏，如海堤的"削角"现象；另一方面，某些后坡抗渗性较差的海堤水体也会增加土壤的含水量，致使海堤发生滑坡失稳。此外，部分采取路堤结合形式的海堤越浪也会直接冲击堤上的行人与车辆，造成安全威胁。2005 年美国卡特里娜飓风灾后调研表明，大量的海堤破坏是由越浪和溢流联合作用在海堤内坡引起的。可以说，越浪也是威胁沿海地区安全的重要因素之一。在某些情境下风暴潮引发的增水不足以造成淹没，越浪变成了主要的风险来源，因此有必要对其进行风险评估。

根据《海堤工程设计规范》(GB/T 51015—2014)，特别重要城市防潮(洪)标准需达到 200 年一遇，重要城市 100～200 年一遇，中等城市 50～100 年一遇，其余大部分地区 20～50 年一遇，并以此确定海堤工程等级。然而《广东省生态海堤建设"十四五"规划(征求意见稿)》[56] 指出，广东省已有海堤除了沿海中心城区基本达标外，其他城区建设标准偏低，部分海堤建设标准仅10～20年一遇，保护农村海堤部分建设标准仅为2～5年一遇。总体而言，广东省现有海堤达标率仅为57%，不少海堤存在堤身单薄、堤顶高程不足等问题，与上海(达标率86%)、浙江(达标率77%)、江苏(达标率95%)等沿海地区仍有差距，存在着不小的安全隐患。对其越浪风险评估也可为防灾减灾工作提供参考，具有一定的现实意义。

越浪量是评估越浪风险的重要指标，其大小不仅与水位、波浪条件有关，与海堤结构形式也息息相关。在评估某地区越浪风险前，需要知道当地的海堤结构形式。本书研究地区跨度广，研究点位散落在广东沿海的各个区域，不同区域甚至同一区域不同岸线部分海堤的形式都大不相同，且资料搜集困难。因此，本章将从海堤的设计角度出发，搜集广东部分地区海堤断面形式，总结其相同点，构建具有一定代表性的海堤形式，研究其在广东不同地区极端波浪、水位条件下的平均越浪量，评估越浪风险，给当地海堤建设及加固达标提供参考。

6.1　广东沿海海堤设计标准研究

6.1.1　海堤断面形式

海堤按结构形式大体上可以分为直立式海堤、斜坡式海堤和混合式海堤3种。为了使构建的海堤更具有代表性，本书参考了范红霞对我国22个具体工程的30个海堤断面的搜集成果，其中包括广东阳西电厂护岸断面、平海护岸断面等，其形式如图6-1～图6-3所示。

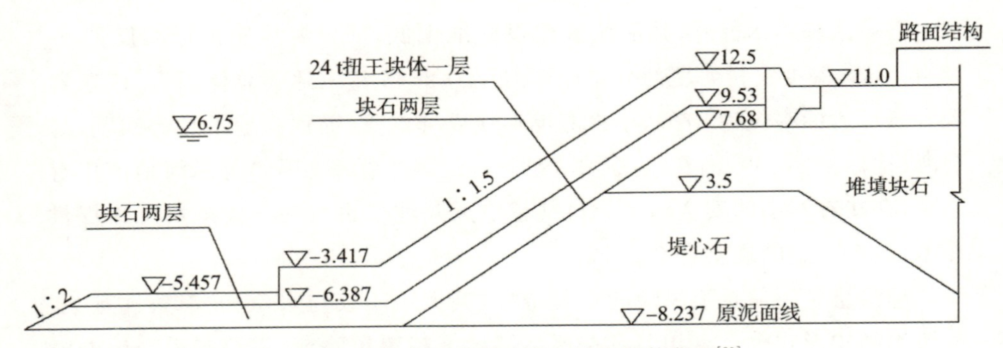

图 6-1　阳江核电海域工程东平台防护断面[30]

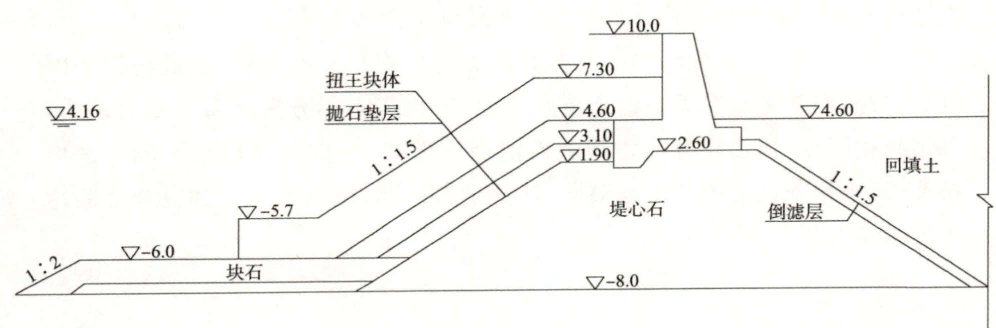

(a) 单坡断面

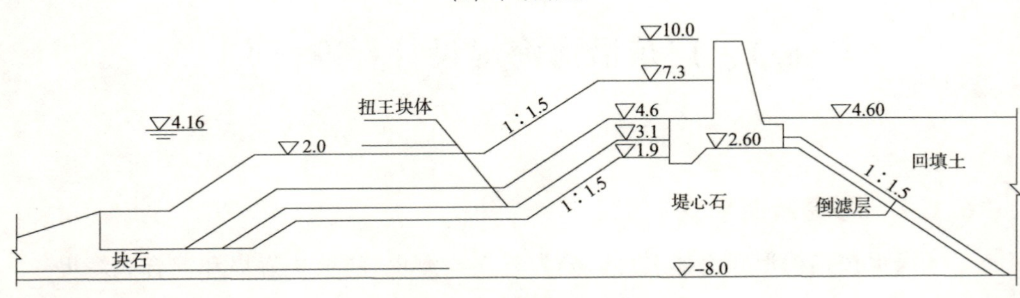

(b) 复坡断面

图 6-2　广东阳西电厂护岸断面[30]

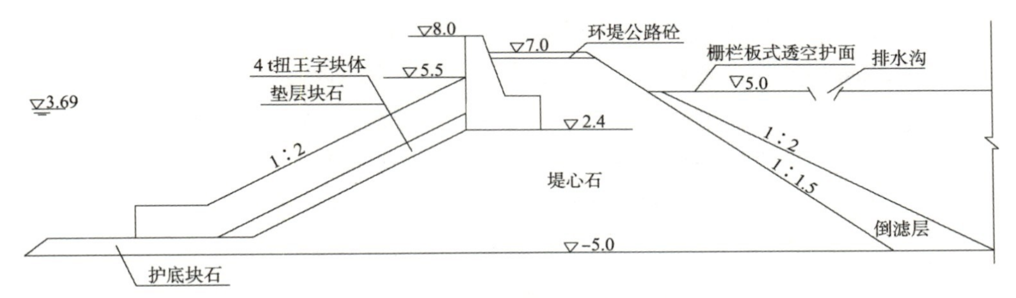

图 6-3　广东平海护岸断面[30]

可以发现，以上几个地区海堤都为斜坡式海堤，且以单坡为主，同时都设置了防浪墙，因此本书构建的典型海堤断面也确定为单坡带防浪墙的形式，如图 6-4 所示。

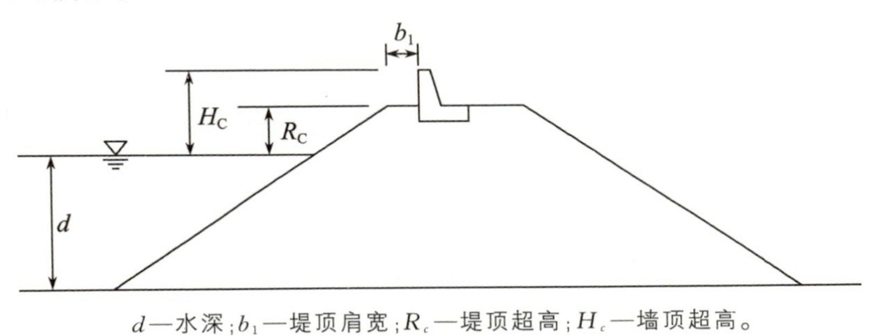

d—水深；b_1—堤顶肩宽；R_c—堤顶超高；H_c—墙顶超高。

图 6-4　典型海堤结构断面图

6.1.2　结构参数设计

海堤结构参数包括坡度、护面型式、堤顶高程等。其中堤顶高程是海堤重要的结构参数之一，直接决定了是否发生越浪或淹没现象，其设计值与坡度和护面型式有关，因此首先确定坡度和护面型式。

6.1.2.1　坡度

通常情况下斜坡式海堤的坡度可取 1.5～3.0。堤顶高程相同情况下，坡度越大的海堤波浪破碎点离堤顶的距离越远，波浪爬升阶段耗散的能量越多，产生越浪的风险也就越小。因此本书设计的海堤取 1.5 与 3.0 的中间值 2.25，使越浪量尽可能处于平均水平。

6.1.2.2　护面型式

海堤的护面型式与海堤安全息息相关。强度高的护面可以抵御更强的波浪冲击和水流作用,减少发生滑坡或失稳的可能性。此外,如扭王字块等护面可以增加波浪在斜坡上的能量消耗,降低漫堤风险。在工程设计规范上常把不透水混凝土板护面的粗糙系数定为1,其余护面类型在此基础上折减。一些灾后调查研究结果也显示不少混凝土护面在遭遇强风暴潮过程发生了开裂[57-58],风险系数较高,因此选择这种较为基础的护面类型进行研究。

6.1.2.3 堤顶高程

堤顶高程的确定可参考《海堤工程设计规范》(GB/T 51015—2014),计算公式为

$$Z_P = h_P + R_F + A \tag{6-1}$$

式中:Z_P 为堤顶设计高程;h_P 为设计频率的高水位;R_F 为按设计波浪计算的累计频率为 F 的波浪爬高值,当海堤允许越浪时,F 取13%;A 为安全加高,根据不同海堤工程级别及是否允许越浪进行确定。

波浪爬高受到海堤型式、坡面糙率、水深波浪条件等多种因素影响。正向规则波在斜坡式海堤上的爬高为

$$R = K_\Delta R_1 H \tag{6-2}$$

$$R_1 = 1.24\text{th}(0.432M) + [(R_1)_m - 1.029]R(M) \tag{6-3}$$

$$M = \frac{1}{m}\left(\frac{L}{H}\right)^{\frac{1}{2}}\left(\text{th}\,\frac{2\pi d}{L}\right)^{-\frac{1}{2}} \tag{6-4}$$

$$(R_1)_m = 2.49\text{th}\,\frac{2\pi d}{L}\left(1 + \frac{\frac{4\pi d}{L}}{\text{sh}\,\frac{4\pi d}{L}}\right) \tag{6-5}$$

$$R(M) = 1.09M^{3.32}\exp(-1.25M) \tag{6-6}$$

式中:R 为波浪爬高值;K_Δ 是与护面结构形式有关的糙渗系数;H 为波高;R_1 为 $K_\Delta=1$、$H=1$ 时的爬高;M 为斜坡数,$R(M)$ 是关于 M 的函数;d 为水深;$(R_1)_m$ 是 $-d/L$ 时相应的爬高最大值。在风的作用下,不规则波的爬高可按下式计算:

$$R_{1\%} = K_\Delta K_U R_1 H_{1\%} \tag{6-7}$$

$$R_F = K_F R_{1\%} \tag{6-8}$$

式中:$R_{1\%}$ 为累计频率1%的爬高值;R_F 为累计频率为 F 的爬高值;K_U 是与

风速 U 有关的系数；$H_{1\%}$ 为累计频率为 1%的波高；K_F 为换算系数。

在运用以上公式进行计算时，波浪正向传播至海堤，若波向与海堤轴线法线方向存在夹角，需要乘以修正系数 k_β。波浪在传播过程中受地形水深影响会发生折射，逐渐向岸线法线方向靠拢，最终与岸线法线方向的夹角不大，因此下文的计算不考虑波向的影响，认为波浪方向垂直或接近垂直于岸线。对每一个代表点，取波高最大方向的波浪进行计算。此外，海堤安全超高与海堤等级有关。海堤等级根据防洪标准确定。100 年一遇以上的防洪标准海堤等级为 1 级，50～100 年一遇为 2 级，30～50 年一遇为 3 级，10～30 年一遇为 4 级，10 年一遇以下为 5 级。根据上述公式算得的波浪爬高和堤顶高程如表 6-1 所示。

表 6-1　各站点不同重现期波浪爬高及堤顶设计高程

站点	重现期/年	海堤等级	波高/m	周期/s	水深/m	波浪爬高/m	安全超高/m	堤顶高程/m
和安	100	1	3.27	6.27	8.36 (2.90+5.46)	7.00	0.5	15.86
	50	2	2.96	5.93	7.53 (2.90+4.63)	6.23	0.4	14.16
	25	4	2.61	5.86	6.88 (2.90+3.98)	5.46	0.3	12.64
	10	5	2.30	5.68	6.23 (2.90+3.33)	5.02	0.3	11.52
吴川	100	1	3.44	6.43	7.52 (3.05+4.47)	7.10	0.5	15.12
	50	2	3.18	6.55	7.03 (3.05+3.98)	7.11	0.4	14.54
	25	4	2.95	6.62	6.47 (3.05+3.42)	6.46	0.3	13.23
	10	5	2.80	6.74	6.16 (3.05+3.11)	6.44	0.3	12.90

续表

站点	重现期/年	海堤等级	波高/m	周期/s	水深/m	波浪爬高/m	安全超高/m	堤顶高程/m
雅韶	100	1	2.68	5.43	6.66 (2.92+3.74)	4.95	0.5	12.11
	50	2	2.53	5.51	6.51 (2.92+3.59)	5.00	0.4	11.91
	25	4	2.41	5.52	6.34 (2.92+3.42)	4.56	0.3	11.20
	10	5	2.27	5.53	6.09 (2.92+3.17)	4.50	0.3	10.89
香洲	100	1	3.03	6.40	7.92 (2.96+4.96)	6.47	0.5	14.87
	50	2	2.71	6.07	7.08 (2.96+4.12)	5.77	0.4	13.25
	25	4	2.43	5.78	6.40 (2.96+3.44)	4.93	0.3	11.63
	10	5	2.15	5.50	5.69 (2.96+3.33)	4.40	0.3	10.39
城区	100	1	3.04	6.81	7.10 (2.98+4.12)	6.78	0.5	14.38
	50	2	2.92	6.76	6.90 (2.98+3.94)	6.60	0.4	13.90
	25	4	2.81	6.64	6.67 (2.98+3.69)	6.35	0.3	13.32
	10	5	2.63	6.43	6.31 (2.98+3.33)	5.93	0.3	12.54

6.1.2.4 防浪墙高度

由于构建的海堤为带防浪墙型式，因此还需确定防浪墙高度。在工程中，设置防浪墙可以在保证海堤安全的情况下有效降低海堤工程造价。当堤顶临海侧设有坚固防浪墙时，堤顶高程可算至防浪墙顶，但不计防浪墙高的堤顶高程应满足以下要求，且不得小于 0.5 m，即

$$R_C > 0.5H_{1\%} \tag{6-9}$$

堤顶肩宽 b_1 设置为 2 m。综上，各站点不同设计标准的海堤结构参数总结为表 6-2。

表 6-2　各站点海堤结构参数

站点	设计标准/年	海堤等级	坡度	护面型式	墙顶高程/m	堤顶高程/m	墙高/m	堤顶肩宽/m
和安	100	1	2.0	混凝土板	15.86	11.10	4.76	2.0
	50	2	2.0	混凝土板	14.16	11.01	4.15	2.0
	25	4	2.0	混凝土板	12.64	9.86	3.58	2.0
	10	5	2.0	混凝土板	11.52	8.16	3.36	2.0
吴川	100	1	2.0	混凝土板	15.12	10.40	4.72	2.0
	50	2	2.0	混凝土板	14.54	9.69	4.85	2.0
	25	4	2.0	混凝土板	13.23	8.94	4.29	2.0
	10	5	2.0	混凝土板	12.90	8.50	4.20	2.0
雅韶	100	1	2.0	混凝土板	12.11	8.55	3.56	2.0
	50	2	2.0	混凝土板	11.91	8.30	3.61	2.0
	25	4	2.0	混凝土板	11.20	8.04	3.16	2.0
	10	5	2.0	混凝土板	10.89	7.69	3.20	2.0
香洲	100	1	2.0	混凝土板	14.87	10.06	4.81	2.0
	50	2	2.0	混凝土板	13.25	8.99	4.26	2.0
	25	4	2.0	混凝土板	11.63	8.12	3.51	2.0
	10	5	2.0	混凝土板	10.39	7.21	3.18	2.0
城区	100	1	2.0	混凝土板	14.38	9.25	5.13	2.0
	50	2	2.0	混凝土板	13.90	8.96	4.94	2.0
	25	4	2.0	混凝土板	13.32	8.69	4.63	2.0
	10	5	2.0	混凝土板	12.54	8.17	4.37	2.0

6.2 广东沿海海堤越浪风险评估

6.2.1 越浪量计算方法

目前越浪量的计算有多种经验公式，它们大多是根据物理模型试验结果拟合得来的，各有其适用范围。《港口与航道水文规范》(JTS 145—2015)公式(下文简称《规范》公式)在国内海堤设计中较为常用，因此选择该公式进行越浪量计算。不设胸墙和设有胸墙的表达式如下：

$$Q=AK_{\mathrm{A}}\frac{H_{1/3}^{2}}{T_{\mathrm{p}}}\left(\frac{H_{\mathrm{c}}}{H_{1/3}}\right)^{-1.7}\left[\frac{1.5}{\sqrt{m}}+\mathrm{th}\left(\frac{d}{H_{1/3}}-2.8\right)^{2}\right]\ln\sqrt{\frac{gT_{\mathrm{p}}^{2}m}{2\pi H_{1/3}}} \tag{6-10}$$

$$Q=0.07^{H'_{\mathrm{c}}/H_{1/3}}\exp\left(0.5-\frac{b_{1}}{2H_{1/3}}\right)BK_{\mathrm{A}}\frac{H_{1/3}^{2}}{T_{\mathrm{p}}}\left[\frac{0.3}{\sqrt{m}}+\mathrm{th}\left(\frac{d}{H_{1/3}}-2.8\right)^{2}\right]\ln\frac{gT_{\mathrm{p}}^{2}m}{2\pi H_{1/3}} \tag{6-11}$$

式中：Q 为单位时间单位堤宽的越浪量；H'_{c} 为胸墙顶在静水面上的高度；$H_{1/3}$ 为有效波高；b_1 为胸墙前肩宽；A、B 为根据坡度确定的经验系数；K_{A} 为结构护面影响系数；T_{p} 为谱峰周期；m 为斜坡坡度系数，斜坡坡度为 $1:m$；d 为堤前水深；g 为重力加速度。

《规范》公式宜符合下列条件：① $2.2<d/H_{1/3}<4.7$；② $0.02<H_{1/3}/L_{\mathrm{po}}<0.10$；③ $1.5<m<3.0$；④ $0.6<b_1/H_{1/3}<1.4$；⑤ $1.0<H'_{\mathrm{c}}/H_{1/3}<1.6$；⑥ 底坡 $i<1/25$。

《规范》公式推荐使用的限制条件较多，超出适用范围的工况计算准确性可能无法保证，因此选择限制条件少，在工程领域中应用较广的 van der Meer 公式(下文简称 VDM 公式)作为对比。VDM 公式表达式如下。

对于 $\gamma_{\mathrm{b}}\xi_0$ 约小于 2 波浪卷破情况：

$$\frac{q}{\sqrt{gH_{\mathrm{m0}}^{3}}}\sqrt{\frac{S_0}{\tan\alpha}}=0.067\gamma_{\mathrm{b}}\exp\left(-4.3\frac{H_{\mathrm{c}}}{H_{\mathrm{m0}}}\frac{\sqrt{S_0}}{\tan\alpha}\frac{1}{\gamma_{\mathrm{b}}\gamma_{\mathrm{f}}\gamma_{\beta}\gamma_{\mathrm{v}}}\right) \tag{6-12}$$

对于 $\gamma_{\mathrm{b}}\xi_0$ 约大于 2，波浪涌破或不破情况，具有最大值：

$$\frac{q}{\sqrt{gH_{m0}^3}}=0.2\exp\left(-2.3\frac{H_c}{H_{m0}}\frac{1}{\gamma_f\gamma_\beta}\right) \tag{6-13}$$

式中:q 为单位堤宽越浪量;H_{m0} 为谱矩计算得到的有效波高;α 为海堤坡角;H_c 为包括胸墙在内的超高;γ_b 为肩台影响因子,本书计算取 $\gamma_b=1$;γ_f 为坡面糙率影响因子,扭王字块护面取 $\gamma_f=0.46$;γ_β 为斜向波影响因子,本书默认波浪正向入射,取 $\gamma_\beta=1$;γ_v 为胸墙影响因子,直立式胸墙取 $\gamma_v=0.65$;S_0 为谱分析得到的深水波陡,$S_0=\frac{2\pi H_{m0}}{gT_{m-1,0}^2}$,$T_{m-1,0}$ 为谱的负一阶矩周期;ξ_0 为破波相似参数,$\xi_0=\frac{\tan\alpha}{\sqrt{S_0}}$。

6.2.2 越浪风险评估方法

在海堤工程设计上,海堤越浪量是一项重要的考虑标准。不同规范对海堤允许越浪量做了限制。本书搜集了部分规范中的允许越浪量,整理如下。

6.2.2.1 《防波堤与护岸设计规范》(JTS 154—2018)[59]规定

《防波堤与护岸设计规范》第 7.2.2.3 条规定了不同防护要求的斜坡式护岸允许越浪量(表 6-3)。

表 6-3 《防波堤与护岸设计规范》允许越浪量

防护对象	防护设施	允许越浪量/[m³/(m·s)]
掩护后方危化品罐区、岸顶铺设管线等重要设施	岸顶有防护	0.005
掩护后方罐区和较重要的基础性设施	岸顶有防护	0.010
后方人员和公用设施密集的区域	岸顶及内坡有防护	0.020
后方人员不密集或有堆场、仓库等一般性设施	岸顶及内坡有防护	0.050

6.2.2.2 《广东省海堤工程设计导则(试行)》(DB44/T 182—2004)[60]规定

《广东省海堤工程设计导则》是由广东省水利厅主编的地方标准。标准中第 8.1.2 条对允许越浪量的规定见表 6-4。

表 6-4 《广东省海堤工程设计导则》允许越浪量

海堤型式	海堤构造	允许越浪量/[m³/(m·s)]
有后坡（海堤）	堤顶为混凝土或浆砌石块护面，内坡为生长良好草地	0.02
	堤顶为混凝土或浆砌石护面，内坡为完好的干砌护石护面	0.05
无后坡（护岸）	堤顶有铺砌	0.09
滨海城市堤路结合海堤	堤顶为钢筋混凝土路面，内坡为垫层完好的浆砌石护面	0.09

6.2.2.3 日本规范

《日本港口设施技术校准与评述》（*Technical Standards and Commentaries for Port and Harbor Facilities in Japan*）[61]指出海堤、护岸的允许越浪量应根据海堤结构形式、海堤后方重要性及排水设施等确定（表 6-5、表 6-6）。

表 6-5 日本规范考虑海堤结构形式允许越浪量

海堤型式	海堤构造	允许越浪量/[m³/(m·s)]
无后坡[海塘（护岸）]	堤顶有护面	0.2
	堤顶无护面	0.05
有后坡[人工堤坝（海堤）]	堤顶及前后坡均有混凝土护面	0.05
	堤顶及前坡有混凝土护面	0.02
	仅前坡有混凝土护面	0.005 及以下

表 6-6 日本规范考虑堤后安全允许越浪量

坡后安全考虑	离海堤距离	允许越浪量/[m³/(m·s)]
行人	堤后区域（50%安全度）	2×10^{-4}
	堤后区域（90%安全度）	3×10^{-5}
汽车	堤后区域（50%安全度）	2×10^{-5}
	堤后区域（90%安全度）	1×10^{-6}
房屋	堤后区域（50%安全度）	7×10^{-5}
	堤后区域（90%安全度）	1×10^{-6}

综合以上几种规范，对于一般形式的堤前及堤顶有防护的海堤，允许的越浪量基本限制在 0.02 $m^3/(m \cdot s)$以内；若堤顶和前后坡均有混凝土护面，则允许越浪量放宽至 0.05 $m^3/(m \cdot s)$；若考虑行人及车辆通行安全，允许的越浪量进一步减小，不同规范对该值的确定大不相同。因此，本书主要从海堤自身的安全出发进行风险评估。

为了更明确地反映海堤越浪风险，需要设计出衡量海堤越浪风险的等级标准。尹宝树等将漫堤风险划分为 5 个等级：① 一级：出现的最大波爬高远未达到堤顶(离顶大于 0.5 m)；② 二级：出现的最大波浪爬高接近爬上堤顶(离顶小于 0.5 m)； ③ 三级：堤顶出现部分越浪，越浪率小于等于 13%；④ 四级：堤顶越浪率大于 13%，至静水面与堤顶齐高； ⑤ 五级：静水面高于堤顶高度。[62]

这种标准主要从越浪概率角度出发对漫堤风险进行划分，评估结果也较为合理。王凯等在研究福建沿海的漫堤风险中沿用了这一标准。[63]张莉等用累计频率为 13% 的波浪爬高进行漫堤预警，将漫堤风险划分为 4 个等级：① 红色预警，波浪爬高所及高程大于海堤高程； ② 黄色预警，波浪爬高所及高程与堤顶相差 0.5 m 以内； ③ 蓝色预警，波浪爬高所及高程与堤顶相差 0.5～1 m；④ 无预警，波浪爬高所及高程与堤顶相差 1 m 以上。[64]

以上两种方法都能够较好地反映漫堤风险，但是它们都是从波浪是否能漫过海堤的角度出发，对波浪漫过海堤后可能产生的越浪量大小和危害缺乏考量。因此，本书在上述标准的基础上进一步细化，结合允许越浪量的规范提出新的越浪风险评估标准(表 6-7)。

表 6-7　越浪风险等级划分

等级	越浪风险
0 级	波浪爬高($R_{13\%}$)远未达到堤顶高程(离顶大于等于 0.5 m)，基本不产生越浪。
1 级	波浪爬高($R_{13\%}$)接近堤顶高程(离顶小于 0.5 m)，可能产生少量越浪。
2 级	波浪爬高超过堤顶高程，且计算得到的平均越浪量 $q<0.02\ m^3/(m \cdot s)$，产生的越浪量对一般构造的海堤(堤顶和前坡均有混凝土护面)安全影响较小。

续表

等级	越浪风险
3 级	波浪爬高超过堤顶高程，且计算得到的平均越浪量满足 $0.02 < q < 0.05 m^3/(m \cdot s)$，越浪量对海堤安全影响明显，需提高海堤护面强度。
4 级	浪爬高超过堤顶高程，且计算得到的平均越浪量 $q > 0.05 m^3/(m \cdot s)$，越浪量对海堤安全影响较大，需提高设计标准。
5 级	堤前水位高于堤顶高程，产生淹没，对后方人身财产安全造成重大破坏。

该标准将用于下文各地区不同设计标准的海堤的越浪风险评估。

6.2.3 结果分析

采用两种公式计算的不同设计标准海堤与不同重现期波浪、水位条件组合的越浪量结果及其对应的风险评估如表 6-8～表 6-12 所示。由于海堤堤顶高程设计需加上安全超高，所以 1 级海堤（安全超高为 0.5 m）在对应的重现期波浪、水位条件下的越浪风险等级均为 0 级；2 级及以下海堤（安全超高在 0.4 m 以下）在对应重现期波浪、水位条件下的越浪风险等级均为 1 级。

表 6-8　和安站越浪量及越浪风险评估结果

重现期/年	水深/m	波高/m	周期/s	海堤等级	越浪量		风险等级	
					《规范》	VDM	《规范》	VDM
100	8.36	3.27	6.27	1	—	—	0	0
50	7.53	2.96	5.93		—	—	0	0
25	6.88	2.61	5.86		—	—	0	0
10	6.23	2.30	5.68		—	—	0	0
100	8.36	3.27	6.27	2	0.003 2	0.005 7	2	2
50	7.53	2.96	5.93		—	—	1	1
25	6.88	2.61	5.86		—	—	0	0
10	6.23	2.30	5.68		—	—	0	0

续表

重现期/年	水深/m	波高/m	周期/s	海堤等级	越浪量		风险等级	
					《规范》	VDM	《规范》	VDM
100	8.36	3.27	6.27	4	0.010 9	0.030 0	2	3
50	7.53	2.96	5.93		0.003 1	0.005 7	2	2
25	6.88	2.61	5.86		—	—	1	1
10	6.23	2.30	5.68		—	—	0	0
100	8.36	3.27	6.27	5	0.027 1	0.102 1	3	4
50	7.53	2.96	5.93		0.008 4	0.022 2	2	3
25	6.88	2.61	5.86		0.001 7	0.005 2	2	2
10	6.23	2.30	5.68		—	—	1	1

表 6-9 吴川站越浪量及越浪风险评估结果

重现期/年	水深/m	波高/m	周期/s	海堤等级	越浪量		风险等级	
					《规范》	VDM	《规范》	VDM
100	7.52	3.44	6.43	1	—	—	0	0
50	7.03	3.18	6.55		—	—	0	0
25	6.47	2.95	6.62		—	—	0	0
10	6.16	2.80	6.74		—	—	0	0
100	7.52	3.44	6.43	2	0.004 2	0.036 6	2	3
50	7.03	3.18	6.55		—	—	1	1
25	6.47	2.95	6.62		—	—	0	0
10	6.16	2.80	6.74		—	—	0	0
100	7.52	3.44	6.43	4	0.011 4	0.087 8	2	4
50	7.03	3.18	6.55		0.004 2	0.0401	2	3
25	6.47	2.95	6.62		—	—	1	1
10	6.16	2.80	6.74		—	—	0	0

续表

重现期/年	水深/m	波高/m	周期/s	海堤等级	越浪量		风险等级	
					《规范》	VDM	《规范》	VDM
100	7.52	3.44	6.43	5	0.014 7	0.109 5	2	4
50	7.03	3.18	6.55		0.005 6	0.050 9	2	4
25	6.47	2.95	6.62		0.002 0	0.021 1	2	3
10	6.16	2.80	6.74		—	—	1	1

表 6-10　雅韶站越浪量及越浪风险评估结果

重现期/年	水深/m	波高/m	周期/s	海堤等级	越浪量		风险等级	
					《规范》	VDM	《规范》	VDM
100	6.66	2.68	5.43	1	—	—	0	0
50	6.51	2.53	5.51		—	—	0	0
25	6.34	2.41	5.52		—	—	0	0
10	6.09	2.27	5.53		—	—	0	0
100	6.66	2.68	5.43	2	0.001 6	0.002 5	2	2
50	6.51	2.53	5.51		—	—	1	1
25	6.34	2.41	5.52		—	—	0	0
10	6.09	2.27	5.53		—	—	0	0
100	6.66	2.68	5.43	4	0.003 3	0.006 3	2	2
50	6.51	2.53	5.51		0.001 5	0.035 5	2	3
25	6.34	2.41	5.52		—	—	1	1
10	6.09	2.27	5.53		—	—	0	0
100	6.66	2.68	5.43	4	0.004 5	0.009 5	2	2
50	6.51	2.53	5.51		0.002 1	0.047 0	2	3
25	6.34	2.41	5.52		0.001 1	0.030 5	2	3
10	6.09	2.27	5.53		—	—	1	1

表 6-11　香洲站越浪量及越浪风险评估结果

重现期/年	水深/m	波高/m	周期/s	海堤等级	越浪量		风险等级	
					《规范》	VDM	《规范》	VDM
100	7.92	3.03	6.4	1	—	—	0	0
50	7.08	2.71	6.07		—	—	0	0
25	6.4	2.43	5.78		—	—	0	0
10	5.69	2.15	5.5		—	—	0	0
100	7.92	3.03	6.4	2	0.002 5	0.057 8	2	4
50	7.08	2.71	6.07		—	—	1	1
25	6.4	2.43	5.78		—	—	0	0
10	5.69	2.15	5.5		—	—	0	0
100	7.92	3.03	6.4	4	0.010 2	0.197 7	2	4
50	7.08	2.71	6.07		0.002 5	0.059 3	2	4
25	6.4	2.43	5.78		—	—	1	1
10	5.69	2.15	5.5		—	—	0	0
100	7.92	3.03	6.4	5	0.030 3	0.506 7	3	4
50	7.08	2.71	6.07		0.008 4	0.168 4	2	4
25	6.4	2.43	5.78		0.002 1	0.054 3	2	4
10	5.69	2.15	5.5		—	—	1	1

表 6-12　城区站越浪量及越浪风险评估结果

重现期/年	水深/m	波高/m	周期/s	海堤等级	越浪量		风险等级	
					《规范》	VDM	《规范》	VDM
100	7.10	3.04	6.81	1	—	—	0	0
50	6.90	2.92	6.76		—	—	0	0
25	6.67	2.81	6.64		—	—	0	0
10	6.31	2.63	6.43		—	—	0	0

续表

重现期/年	水深/m	波高/m	周期/s	海堤等级	越浪量		风险等级	
					《规范》	VDM	《规范》	VDM
100	7.10	3.04	6.81	2	0.001 3	0.019 4	2	2
50	6.90	2.92	6.76		—	—	1	1
25	6.67	2.81	6.64		—	—	0	0
10	6.31	2.63	6.43		—	—	0	0
100	7.10	3.04	6.81	4	0.002 2	0.030 0	2	3
50	6.90	2.92	6.76		0.001 3	0.019 9	2	2
25	6.67	2.81	6.64		—	—	1	1
10	6.31	2.63	6.43		—	—	0	0
100	7.10	3.04	6.81	5	0.004 4	0.054 2	2	4
50	6.90	2.92	6.76		0.002 6	0.036 8	2	3
25	6.67	2.81	6.64		0.001 5	0.024 2	2	3
10	6.31	2.63	6.43		—	—	1	1

从上面的表格可以发现,《规范》公式与 VDM 公式计算出的越浪量结果有较大的差别,差距甚至可达 10 倍以上,导致两者在越浪风险评估的结果不同。由 VDM 公式计算的越浪量更大,风险等级更高。考虑到表中大部分工况可能不满足《规范》公式中 $1.0 < H'_c/H_{1/3} < 1.6$ 的推荐使用范围,因此风险评估结果以 VDM 公式计算值为准,这也符合从安全角度的考量。

和安站 50 年一遇设计标准下,海堤等级为 2 级,在 100 年一遇的波浪、水位条件下发生越浪,VDM 公式计算的越浪量结果为 0.005 7 $m^3/(m \cdot s)$,对应的越浪风险等级均为 2 级,对海堤的安全影响较小;在 25 年一遇设计标准下,海堤等级为 4 级,100 年一遇和 50 年一遇的波浪、水位条件均发生越浪,越浪量的计算结果分别为 0.030 0 $m^3/(m \cdot s)$和 0.005 7 $m^3/(m \cdot s)$,对应的越浪风险为 3 级与 2 级;在 10 年一遇设计标准下,海堤等级为 5 级,此时海堤可能的最大越浪风险等级达到 4 级,越浪量为 0.102 1 $m^3/(m \cdot s)$,越浪对海堤安全的威胁严重。综上,在和安站附近地区,针对本书建立的一般形式的海堤,推荐的海堤设计标准为 50 年一遇及以上。在工程建设中,应结合当地具体保护对象和要求适当调整设计标准。

吴川站 50 年一遇海堤设计标准下 100 年一遇波浪、水位条件越浪量为 0.036 6 $m^3/(m \cdot s)$，可能产生 3 级越浪风险，对海堤的护面型式有更高的要求；25 年一遇海堤设计标准下，100 年一遇和 50 年一遇波浪、水位条件的越浪量分别为 0.087 8 $m^3/(m \cdot s)$ 和 0.040 1 $m^3/(m \cdot s)$，对应的越浪风险等级为 4 级和 3 级；在 10 年一遇海堤设计标准下，100 年一遇和 50 年一遇条件下越浪风险均达到 4 级，25 年一遇条件下越浪风险为 3 级，海堤整体的越浪风险较高，对海堤安全有较大的威胁。因此吴川地区海堤设计标准起码要达到 50 年一遇，且需提高护面强度。考虑到该地区沿岸线处有不少村落和度假区，推荐海堤设计标准达到 100 年一遇。

雅韶站由于受到附近海陵岛等岛屿的影响，不同重现期的波浪、水位条件相差不大，整体的越浪风险较低。采用 50 年一遇设计标准可能的最大越浪风险等级为 2 级，越浪量为 0.002 5 $m^3/(m \cdot s)$。值得注意的是，在采用 10 年与 25 年一遇的海堤设计标准下，100 年一遇波浪、水位条件的风险等级均为 2 级，而 50 年一遇条件下算得的越浪量要比 100 年一遇的更大，风险等级更高。这是因为 VDM 公式考虑了波浪破碎类型，在 100 年一遇条件下发生波浪卷破，而 50 年一遇发生波浪涌破或不破，此时越浪量具有最大值。出于安全考虑，该地区的海堤建设标准推荐为 50 年一遇及以上。

香洲站位于珠江入海口区域，不同重现期的波浪、水位条件相差较大，对海堤建设标准有更高的要求。在 50 年一遇、25 年一遇和 10 年一遇海堤设计标准下均可能产生 4 级越浪风险，因此该地区推荐海堤建设标准为 100 年一遇及以上。

城区站 50 年一遇海堤设计标准下，100 年一遇波浪、水位条件产生的越浪量为 0.019 4 $m^3/(m \cdot s)$，对应的越浪风险等级为 2 级，接近 3 级；若采用 25 年一遇海堤设计标准，可能产生的最大越浪风险提升至 3 级，越浪量为 0.030 0 $m^3/(m \cdot s)$；采用 10 年一遇的海堤设计标准可能的最大越浪风险为 4 级，越浪量为 0.054 2 $m^3/(m \cdot s)$。考虑到城区站位于汕尾市城区东部、红海湾北部，沿岸线处建筑物密集，有大量学校及小区，因此推荐的海堤建设标准为 100 年一遇及以上。

综合以上分析结果，不同的站点区域海堤建设标准有所不同。如珠海香洲、汕尾城区及湛江吴川等地区的海堤建设标准，本书推荐均为100年一遇及以上，其余两个站点区域推荐海堤建设标准为50年一遇及以上，这与《广东省生态海堤建设"十四五"规划（征求意见稿）》中提出的海堤建设标准相符合，其中提到：① 珠三角地区珠海、东莞、中山等城市中心区防洪（潮）标准不低于100年一遇；② 粤东、粤西地区湛江等城市中心城区防洪（潮）标准为100～200年一遇，汕尾、阳江等城市中心区防洪（潮）标准为100年一遇，县级以上城市中心区防洪（潮）标准不低于50年一遇。[56]

因此，本书所提出的风险评估方法及给出的推荐海堤建设标准是比较合理的，可为各地区的海堤建设、加固达标提供参考。

6.3 广东沿海海堤越浪情景仿真

6.1节与6.2节构建了海堤断面，评估了不同地区的越浪风险，给出了推荐的设计标准。可以发现在选取的几个站点地区，推荐的设计标准起码达到50年一遇以上，50年一遇以下的海堤设计标准可能会面临较大的安全风险。一些针对台风的灾后调查研究工作也认为建设标准偏低是海堤损毁的重要原因之一。据统计，广东省保护万亩以上耕地的海堤中，仍有623.1 km未达到20年一遇的标准。[57]这部分海堤在遭遇强台风时无法抵御波浪的冲击，堤坡崩塌，险情频出。涂金良等调查了"天鸽"和"山竹"期间沿海部分海堤的损毁情况，发现汕尾市损毁的捷胜、田寮湖及金厢海堤设计标准均为10～20年一遇。[58]其中，捷胜海堤位于红海湾沿岸，在本书选择的站点城区站的东南方向，两者相距不远。在评估城区站的越浪风险时，10年一遇设计标准下的海堤可能的越浪风险等级达到4级，风险较大。因此，本节基于城区站10年一遇设计标准的海堤结构形式，采用计算流体力学（CFD）软件对越浪过程进行仿真，展现其越浪风险，并与推荐的100年一遇设计标准的海堤进行对照，这也是对6.2节风险评估结果合理性的验证。

6.3.1 数值水槽建立

6.3.1.1 水槽布置

本研究建立的数值水槽长 200 m，高 18 m。由于只考虑波浪在 x 方向上的传播，不考虑其在 y 方向上的变化，因此水槽宽度设置为 1 m。

在网格划分上，采用两套网格：在整个水槽范围布置较稀疏的外部网格；在堤身区域设置贴体网格进行加密，以便捕抓到少量水体在堤身运动的过程。外部网格 x 方向上的尺寸为 0.3 m，保证沿水流方向一个波长范围内网格数量大于 100 个；在 y 方向上的尺寸为 0.2 m，保证沿波高方向一个波高范围内网格数量大于 10 个。堤身上的贴体网格厚度设置为 2 m，尺寸设置为 0.1 m。建立的数值水槽如图 6-5 所示。

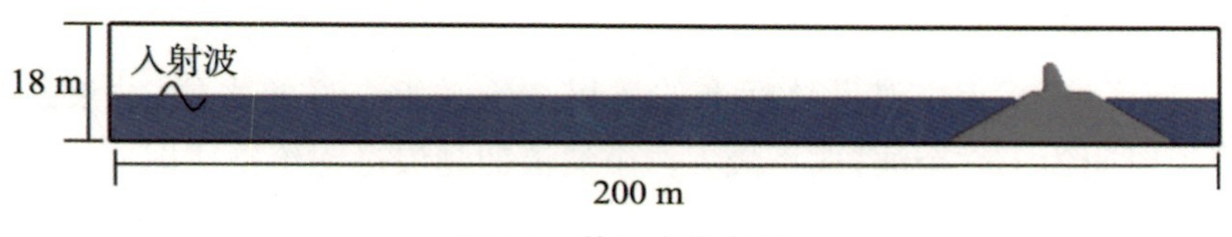

图 6-5 数值水槽布置

6.3.1.2 边界条件

内部网格设置贴体形式，因此无须额外设置，采用默认边界。外部网格 x 方向上 X_{min} 边界选择 Wave 造波边界，X_{max} 边界选择 Outflow 出流边界；在 y 方向上 Y_{min} 和 Y_{max} 均设置为 Wall 边界；在 z 方向上 Z_{min} 设置为 Wall 边界，Z_{max} 设置为 Pressure 压力边界。压强为一个标准大气压。

6.3.1.3 波浪生成与验证

为了贴近真实海浪情况，波浪类型选择不规则波，谱型选择 JONSWAP 谱。CFD 中不规则波可以采用海浪谱或输入风速、风区长度等参数进行造波，因此需要根据波浪参数计算出波浪谱，将波谱文件输入造波边界中。

对水槽造波能力进行验证，波浪参数选择城区站 100 年一遇波浪，波高为 3.04 m，周期为 6.81 s，在水槽 110 m、130 m 处分别设置两个测点，对波面进行探测，每 0.5 s 记录一次数据。将波面高程数据反演得到模拟谱，输入的目标谱与反演的模拟谱的对比如图 6-6 所示。

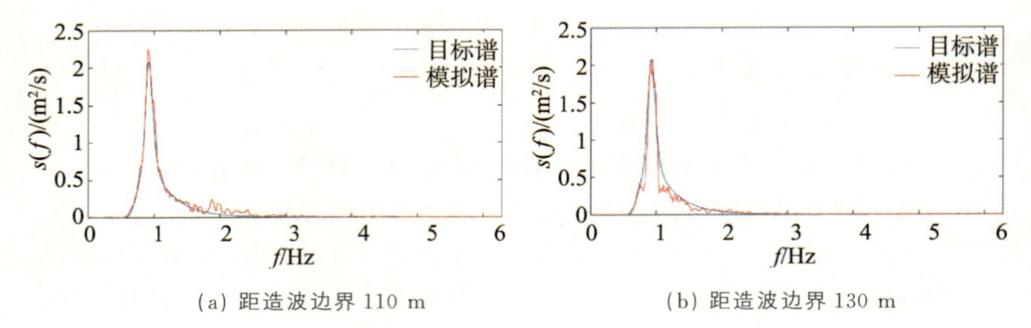

(a) 距造波边界 110 m　　(b) 距造波边界 130 m

图 6-6　目标谱与模拟谱拟合

可以看到模拟谱与波浪谱的拟合效果良好,水槽的造波能力满足要求。可用于越浪情景仿真。

6.3.2　越浪情景仿真

将城区站 10 年一遇设计标准的海堤与 100 年一遇的水位、波浪条件组合,模拟时间为 100 个波,选择最大一个波浪的越浪过程绘制成图 6-7。

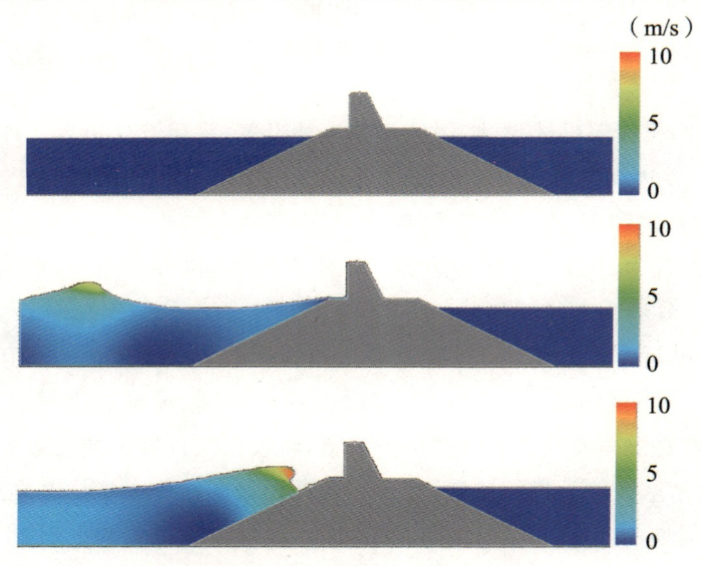

图 6-7　10 年一遇设计标准海堤越浪过程

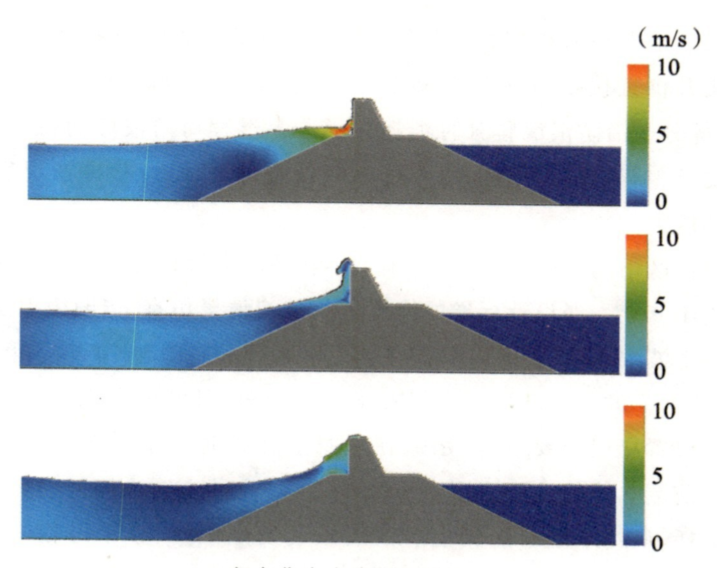

颜色代表水流矢量速度

图 6-7　10 年一遇设计标准海堤越浪过程(续)

在 100 年一遇的条件下，堤前的水位已经十分接近堤顶高程，整个越浪过程可以划分为变形、破碎、爬升、越浪 4 个阶段。波浪传播到堤身上时，水深变小，且受到堤前反射作用，波浪不能维持原有形状，波峰发生倾斜，前沿面陡立。当变形程度继续加大，波浪将发生翻卷破碎，波峰卷曲成舌状，逐渐向下翻卷。在此过程中，能量向水舌处集聚，可以观察到水舌处的水流流速有所增加，且在翻卷破碎的过程会卷入一定的空气。在爬升阶段，翻卷的水舌砸向堤身，最前端的水体流速继续增加，沿斜坡上爬。由于水位比较高，波浪在爬升很短一段距离后将从前坡与堤顶的拐角处“射”出，砸在防浪墙上，并沿墙体爬升。最终波浪爬升的幅度高于防浪墙高度，波浪发生漫顶，在墙顶形成越浪水流，一次越浪过程结束。越过墙顶的水流将继续运动，在墙顶后方飞出，下降过程形成高速水流砸在堤顶或后坡上，冲击护面，淘刷土体，对海堤安全造成威胁。

可以注意到整个越浪过程海堤的安全风险分为两部分。一部分是本章重点研究的越浪风险，波浪沿墙体的爬升幅度远大于防浪墙的高度，在此情况下产生的越浪量是十分可观的。海堤整体面临的越浪风险较大，符合第 5 章风险评估结果。除了越浪以外，海堤还有被冲溃的风险，这部分与结构的强度有关。本书并未对其展开研究，但是从越浪过程可以看到，波浪破碎后的水体爬升将直接拍击在防浪墙上，水流能量一部分转化为对防浪墙的冲击，剩余部分在沿防浪墙爬升时消耗掉。这个过程对防浪墙的稳定性提出了很高的要求。若防浪墙损坏，水流可以轻松漫过堤顶，直接冲击堤后地带，造成更大的危害。

在对城区站的风险评估中，给出了推荐的海堤设计标准为 100 年一遇，因此对采用 100 年一遇设计标准的海堤进行越浪情景仿真，依旧模拟 100 个波，取最大一个波浪越浪过程绘图，结果如图 6-8 所示。比起 10 年一遇设计的海堤，静止状态下的水位离堤顶高程有了一定距离，且波浪在堤身上传播时，发生破碎的位置离堤顶要更远，水流在堤身上爬升时产生了部分能量消耗，到达堤顶时前端水体的水流速度明显减小，在水流冲击防浪墙时又产生了一部分能量消耗，最终水流未能爬上防浪墙顶便发生回落，整个过程未产生越浪现象。对比图 6-7 与 6-8，采用更高设计标准的海堤有着更高的堤顶高程，使波浪破碎点离堤顶更远，波浪需要爬升的距离更大，消耗的能量更多，有效减少了越浪的风险，并且到达堤顶的水体速度较小，对防浪墙的冲击力也就较小，有利于结构的安全。

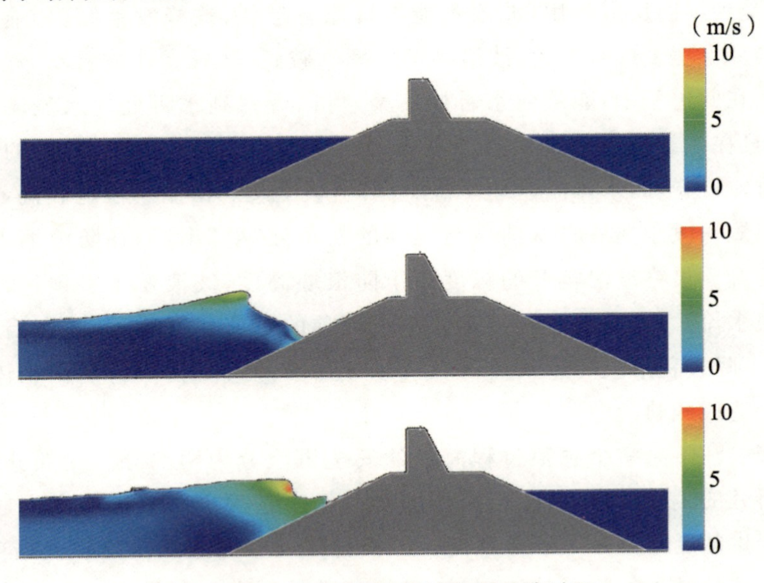

图 6-8　100 年一遇设计标准海堤越浪过程

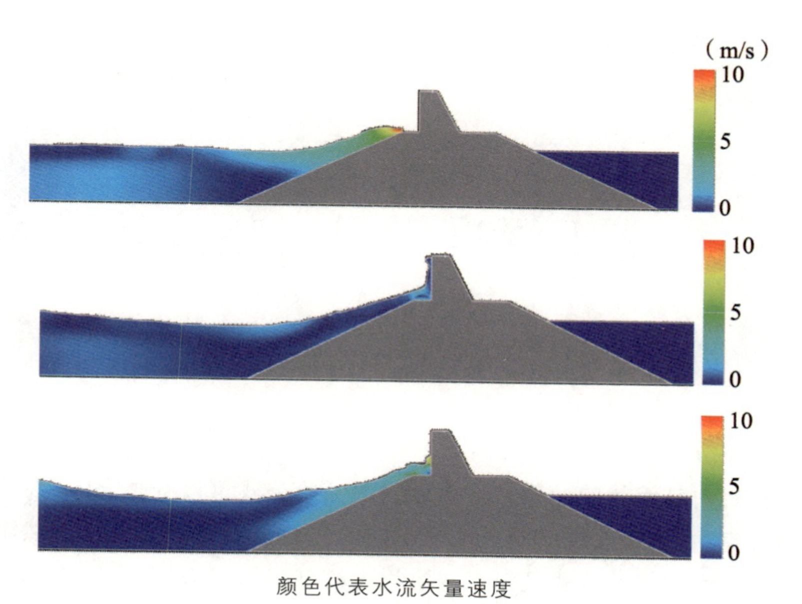

颜色代表水流矢量速度

图 6-8　100 年一遇设计标准海堤越浪过程(续)

7 基于深度学习的越浪计算

目前针对越浪量的计算有不同形式的经验公式可以选择，然而在第 5 章越浪量计算中，可以发现相同条件下不同的经验公式可能会得出迥然不同的结果。因为大多经验公式是根据越浪物理模型试验拟合而来的，有其适用范围；若超出适用范围，可能无法保证计算结果的准确度。然而，实际的海堤型式是多种多样的，如图 6-2 中同一区域的海堤，其结构也会有较大差异，可能无法采用同一个公式计算其越浪量。不同的公式由于考虑的结构参数不同，也会面临结果差异较大的情况，显然这也是不合理的。这种情况给海堤设计、越浪量计算及越浪风险评估工作带来了诸多不便，因此研究出适用性强、结果准确度高的越浪量计算方法十分有必要。

深度学习是机器学习的一个重要研究方向，在搜索技术、数据挖掘和模式识别等领域都有着广泛应用。本章将基于人工神经网络结构，充分挖掘越浪数据样本内部参数间的关联性，建立越浪量计算模型，并与传统的经验公式计算结果做比较，验证其可用性，丰富越浪量的计算方法。

7.1 人工神经网络理论

人工神经网络(artificial neural network，ANN)是一种模仿生物神经网络特征,进行分布式并行信息处理的算法模型,具有很强的学习适应力和非线性映射能力。随着计算机技术的不断发展和智能算法的不断完善,人工神经网络被广泛运用到模式识别、信号处理以及最优化问题等领域中。

一个基础的神经网络的结构包括输入层、隐藏层、激活层和输出层。从输入层到隐藏层的计算可以表示为

$$H=X*W1+b1 \tag{7-1}$$

式中:$W1$ 和 $b1$ 连接输入层和隐藏层,分别表示权值和偏差。从隐藏层到输出层,同样采用矩阵运算进行:

$$Y=H*W2+b2 \tag{7-2}$$

经过上述两个线性方程计算,可以由输入层得到输出层。但是这种模式存在一个问题,即一系列的线性方程运算都可以用一个线性方程表示,这样神经网络便失去了意义,因此需要引入激活层,为神经网络添加非线性的特征。常用的激活函数有 3 种:阶跃函数、ReLU 函数和 Sigmoid 函数。

7.1.1 阶跃函数

阶跃函数形式十分简单,可以把输入分成两类。当自变量>0 时,输出值为 1;当自变量$\leqslant 0$ 时,输出值为 0(图 7-1)。表达式为

$$f(x)=\begin{cases}1, x>0\\0, x\leqslant 0\end{cases} \tag{7-3}$$

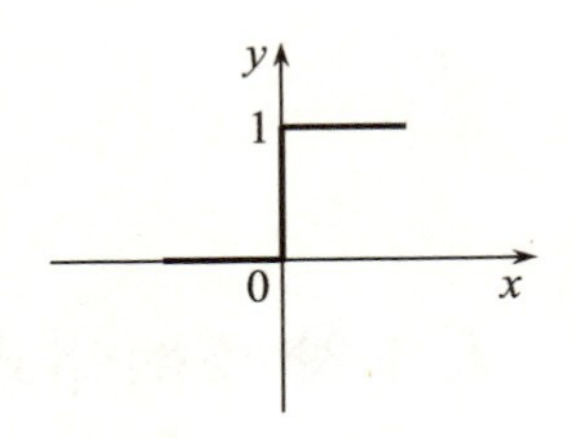

图 7-1 阶跃函数

7.1.2 ReLU 函数

ReLU 函数当自变量$\leqslant 0$时，输出值为 0；当自变量>0时，输出值等于自变量(图 7-2)。表达式为

$$f(x)=\begin{cases}x, x>0\\0, x\leqslant 0\end{cases} \tag{7-4}$$

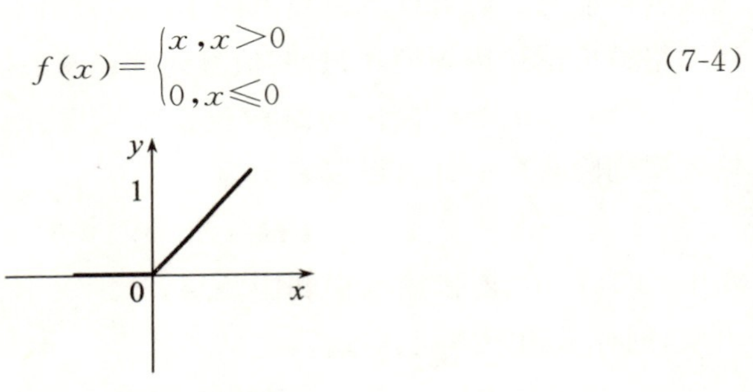

图 7-2 ReLU 函数

7.1.3 Sigmoid 函数

Sigmoid 函数(图 7-3)是构建神经网络最常用的一种激活函数。Sigmoid 函数及其导数都是连续的，因此具有数学计算上的优越性。表达式为

$$f(x)=\frac{1}{1+\exp(-x)} \tag{7-5}$$

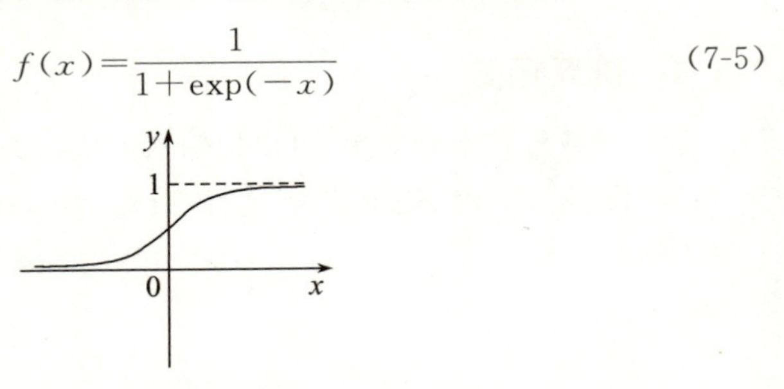

图 7-3 Sigmoid 函数

7.2 BP神经网络

神经网络有多种类型，且各类型均有其适用性。其中，反向传播（back propagation，BP）神经网络具有结构简单、可调性强等特点，在函数逼近、模式识别、分类和数据压缩等领域有着广泛应用。BP神经网络由Rumelhart和McClelland于1985年提出，是一种按照误差逆向传播算法训练的多层前馈神经网络。本章将采用BP神经网络研究海堤平均越浪量的问题。

7.2.1 基本原理

BP神经网络的训练主要由两个阶段组成。第一个阶段是信息正向传播阶段。输入样本经过隐藏层、激活层等作用传递到输出层，判断输出层输出是否满足误差要求。若满足要求，则训练停止；否则进入第二个阶段，即误差反向传播阶段。在误差反向传播阶段，误差通过隐藏层反向传播，分配到每一个单元上，每层神经元根据误差信号调整权值，重新进入信息正向传播阶段，直至模型输出符合期待。整个流程如图7-4所示。

一般而言，三层结构的神经网络已经可以解决简单的非线性问题，即只包含一层隐藏层。这种结构构建简单，因此应用普遍。三层BP神经网络结构如图7-5所示。

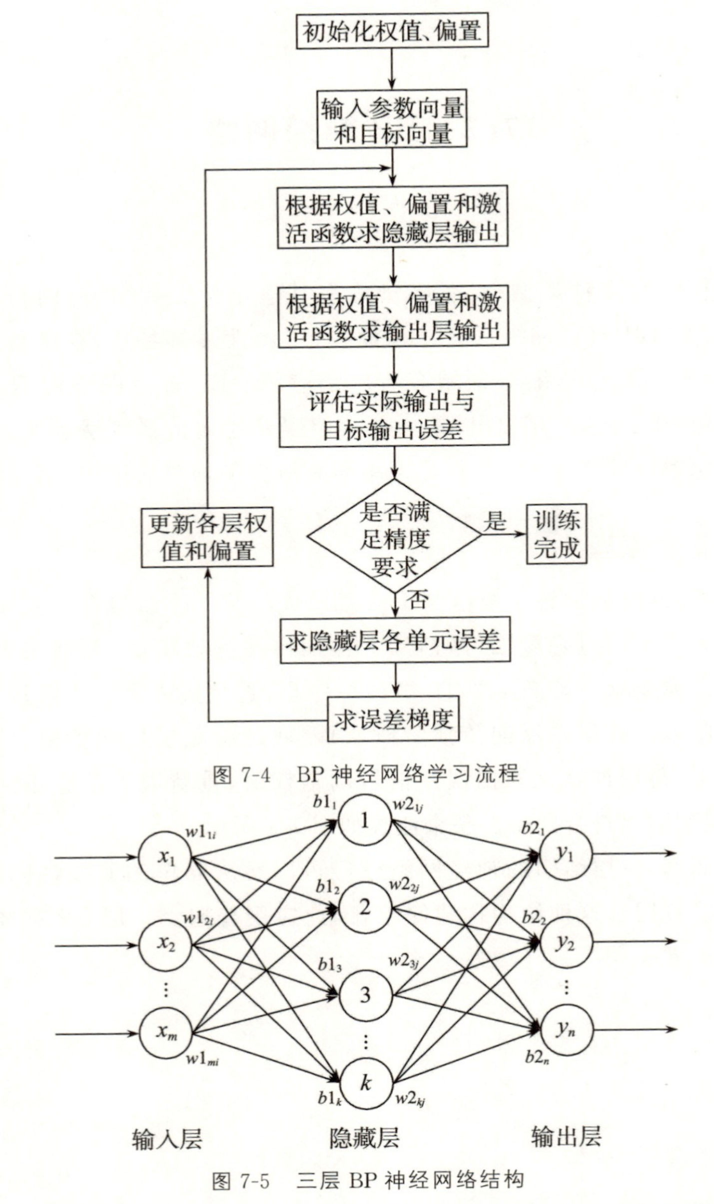

图 7-4　BP 神经网络学习流程

图 7-5　三层 BP 神经网络结构

图 7-5 中，$\boldsymbol{X}=(x_1,x_2,\cdots,x_m)$表示输入的参数向量，$m$ 表示输入层神经元个数；k 表示隐藏层神经元的个数；$\boldsymbol{Y}=(y_1,y_2,\cdots,y_n)$表示实际输出结果向量，$n$ 表示输出层神经元个数；$w1_{ij}$ 表示第 i 个输入层神经元与第 j 个隐藏

层神经元之间的权值；$b1_j$ 表示第 j 个隐藏层神经元的偏置；$w2_{jh}$ 表示第 j 个隐藏层神经元与第 h 个输出层神经元之间的权值；$b2_h$ 表示第 h 个输出层神经元的偏置。为了更好地解释 BP 神经网络的处理过程，定义 f_1 为隐藏层神经元的激活函数，定义 f_2 为输出层神经元的激活函数，$\boldsymbol{T}=(t_1,t_2,\cdots,t_n)$ 表示期待的输出向量，η 表示神经元学习速率。BP 算法的流程如下。

7.2.1.1　初始化神经网络

生成若干随机数作为神经网络每一层的权值与偏置，设定误差函数 E，给定计算精度 ε 和最大学习次数 M。

7.2.1.2　信息正向传播

在信息正向传播阶段，输入参数向量通过输入层神经元传输到隐藏层，隐藏层神经元 z_j 输出为

$$z_j=f_1\left(b1_j+\sum\nolimits_{i=1}^{m}x_i w1_{ij}\right) \tag{7-6}$$

同理，输出层神经元的输出为

$$y_h=f_2\left(b2_h+\sum\nolimits_{j=1}^{k}z_j w2_{jh}\right) \tag{7-7}$$

7.2.1.3　误差反向传播

当获得输出层神经元的实际输出向量后，将其与目标输出向量进行对比，定义误差函数

$$\mathrm{E}=\frac{1}{2}\sum\nolimits_{h=1}^{n}(t_h-y_h)^2 \tag{7-8}$$

如果计算误差函数 E 不满足预设精度 ε 的要求，进入误差反向传播阶段。一般采用梯度最速下降法，隐藏层和输出层之间的权值 $w2_{jh}$ 和偏置 $b2_h$ 沿误差的负方向变化，变化量 $\Delta w2_{jh}$ 与 $\Delta 2_h$ 为

$$\Delta w2_{jh}=-\eta\frac{\partial \mathrm{E}}{\partial w2_{jh}}=-\eta\frac{\partial \mathrm{E}}{\partial y_h}\times\frac{\partial y_h}{\partial w2_{jh}}=\eta(t_h-y_h)f_2^{'}z_j=\eta\delta_h z_j \tag{7-9}$$

$$\Delta b2_h=-\eta\frac{\partial \mathrm{E}}{\partial b2_h}=-\eta\frac{\partial \mathrm{E}}{\partial y_h}\times\frac{\partial y_h}{\partial b2_h}=\eta(t_h-y_h)f_2^{'}=\eta\delta_h \tag{7-10}$$

其中，δ_h 定义为

$$\delta_h=(t_h-y_h)f'2 \tag{7-11}$$

同理，输入层和隐藏层之间的权值 $w1_{ij}$ 和偏置 $b1_j$ 的变化量 $\Delta w1_{ij}$ 与 $\Delta b1_j$ 的表达式为

$$\Delta w1_{ij} = -\eta \frac{\partial E}{\partial y_h} \times \frac{\partial y_h}{\partial z_j} \times \frac{\partial z_j}{\partial w1_{ij}} = \eta \sum_{h=1}^{n} (t_h - y_h) f'_2 w_{jh} f'_1 x_i = \eta \delta_j x_i \tag{7-12}$$

$$\Delta b1_j = -\eta \frac{\partial E}{\partial y_h} \times \frac{\partial y_h}{\partial z_j} \times \frac{\partial z_j}{\partial b1_j} = \eta \sum_{h=1}^{n} (t_h - y_h) f'_2 w_{jh} f'_1 = \eta \delta_j \tag{7-13}$$

其中，δ_j 定义为

$$\delta_j = \sum_{h=1}^{n} (t_n - y_n) f'_2 w_{jn} f'_1 = \sum_{h=1}^{n} \delta_h w_{jh} f'_1 \tag{7-14}$$

更新后的权值和偏置为

$$w1_{ij}(t+1) = w1_{ij}(t) + \Delta w1_{ij} \tag{7-15}$$

$$b1_j(t+1) = b1_j(t) + \Delta b1_j \tag{7-16}$$

$$w2_{jh}(t+1) = w2_{jh}(t) + \Delta w2_{jh} \tag{7-17}$$

$$b2_h(t+1) = b2_h(t) + \Delta b2_h \tag{7-18}$$

7.2.1.4 计算终止

将更新后的权值与偏置代入式(7-6)与式(7-7)，计算出新的输出值。若实际输出值与期望输出值的误差小于预设精度，则神经网络停止学习训练，神经网络构建完成；否则将重复上述步骤，直至误差满足要求或达到迭代次数。

7.2.2 BP 神经网络改进

BP 神经网络虽然简单、易上手，应用也十分广泛，但也存在一定的局限性。首先，如采用梯度下降法进行训练，则学习速率较小，权值和偏置的更新较为缓慢，误差收敛速度较慢；如学习速率过大，则容易使误差在最小值附近来回迭代、不收敛。其次，BP 神经网络在训练过程中容易陷入局部最小值，导致无法得到最优解，一般需要通过不断改变其初始权值和偏置，多次训练进行改良。再次，对于 BP 神经网络的隐藏层层数和隐藏层的神经元数目也没有一个通用的选择理论，只能依靠理论或者通过反复试验确定一个相对较优的选择。

为了改进 BP 神经网络，不少学者从误差反向传播算法入手，得出了几种典型的改进算法，如附加动量法、自适应速率法和 Levenberg-Marquardt(L-

M)算法。

7.2.2.1 附加动量法

在没有附加动量的作用时，BP 神经网络可能会陷入局部的极小值中。为了避免出现这种情况，在修正权值时考虑附加动量项，即在每个权值变化的基础上额外加上正比于上一次权值变化量的值，即考虑误差变化趋势。其表达式为

$$\Delta w2_{jh}(t+1)=(1-m)\eta\delta_h z_j+m\Delta w_{jh}(t) \tag{7-19}$$

$$\Delta b2_h(t+1)=(1-m)\eta\delta_h+m\Delta b2_h(t) \tag{7-20}$$

式中：m 为动量因子，取值范围为 0～1，通常取 0.95。附加动量法实际上是通过动量因子传递最后一次权值变化的影响，因此当 BP 神经网络权值进入平坦区时，δ_h 将变得很小，从而防止 $\Delta w2_{jh}(t+1)=0$，有助于 BP 神经网络从局部极小值中跳出。

7.2.2.2 自适应速率法

自适应速率法的原则是若计算得到新的误差超过上一次误差一定程度，则减小学习速率，否则学习速率不变；若新的误差小于上一次误差一定程度，则加大学习速率，直到神经网络学习完成。表达式为

$$\eta(t+1)=\begin{cases}1.05\eta(t), & \mathrm{E}(t+1)<\mathrm{E}(t)\\ 0.7\eta(t), & \mathrm{E}(t+1)>1.04\mathrm{E}(t)\\ \eta(t), & \mathrm{E}(t)\leqslant\mathrm{E}(t+1)\leqslant 1.04\mathrm{E}(t)\end{cases} \tag{7-21}$$

7.2.2.3 L-M 算法

L-M 算法是一种非线性优化方法，引入阻尼因子调节算法特性，表达式为

$$x(t+1)=x(t)-[\boldsymbol{J}^{\mathrm{T}}\boldsymbol{J}+\mu I]^{-1}\boldsymbol{J}^{\mathrm{T}}\mathrm{e} \tag{7-22}$$

式中：$\boldsymbol{J}$ 表示雅可比矩阵；e 是精度；μ 是阻尼因子。当 μ 很小时，算法退化为高斯-牛顿法，从而使接近解快速收敛；当 μ 很大时，算法退化为梯度下降法。

7.3 BP 神经网络构建

7.3.1 数据集介绍

建立神经网络需要有大量的样本数据用于训练和验证。本章基于 CLASH 数据集建立了 BP 神经网络。

CLASH 是由欧盟发起的一个项目。它在两年内搜集了大量的越浪实验数据，包括不同海堤形式、不同波浪要素等情况下的 17 000 多条越浪量实验记录。CLASH 数据集中的结构复杂性用 CF(complexity factor)表示，取值为 1～4，CF 越大表明结构越复杂；可靠性用 RF(reliability factor)表示，取值也为 1～4，RF 越大说明结构可靠性越低。其余参数含义见图 7-6 和表 7-1 所示：

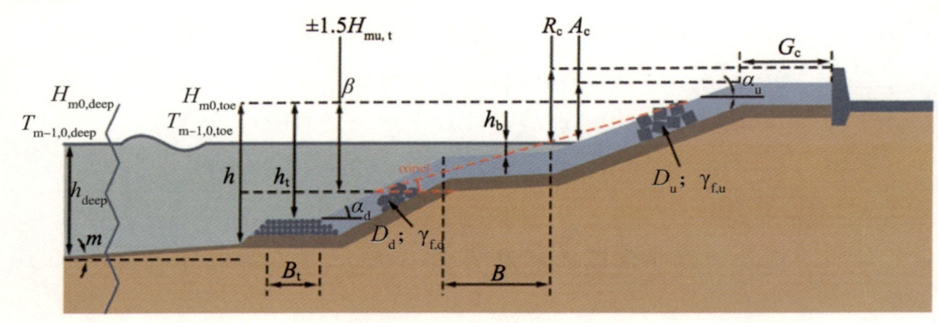

图 7-6 CLASH 数据集参数示意图

表 7-1 CLASH 数据集参数说明

编号	参数	单位	说明
1	$H_{m0,deep}$	m	离岸区有效波高
2	$T_{p,deep}$	s	离岸区谱峰周期
3	$T_{m,deep}$	s	离岸区平均周期
4	$T_{m-1,0,deep}$	s	离岸区波谱周期

续表

编号	参数	单位	说明
5	h_{deep}	m	离岸区水深
6	m	—	前滩坡度
7	b	°	波浪入射角
8	h	m	堤脚处水深
9	$H_{m0\ toe}$	m	堤脚处有效波高
10	$T_{p\ toe}$	s	堤脚处谱峰周期
11	$T_{m\ toe}$	s	堤脚处平均周期
12	$T_{m-1,0,toe}$	s	堤脚处波谱周期
13	h_t	m	堤脚处浸没水深
14	B_t	m	堤脚宽度
15	g_f	—	综合粗糙度
16	$\cot a_d$	—	下坡角余切值
17	$\cot a_u$	—	上坡脚余切值
18	$\cot a_{excl}$	—	综合余切值(不含肩台)
19	$\cot a_{incl}$	—	综合余切值(含肩台)
20	R_c	m	防浪墙相对静水面高度
21	B	m	肩台宽度
22	h_b	m	肩台浸没水深
23	$\tan a_B$	—	肩台斜率
24	B_h	m	肩台水平方向宽度
25	A_c	m	堤顶超高
26	G_c	m	堤顶肩宽
27	RF	—	可靠度因子
28	CF	—	复杂度因子
29	q	$m^3/(m \cdot s)$	平均越浪量
30	P_{ow}	—	越浪概率

7.3.2 数据预处理

样本数据是神经网络的重要驱动力，其质量高低直接影响神经网络的训练效果。质量较高的数据样本有利于算法挖掘数据间的规律，加速学习过程；反之，则会影响模型训练效果。因此，在进行神经网络构建前，有必要对样本数据进行预处理。数据预处理主要包括以下内容。

7.3.2.1 数据清洗

CLASH 数据集有 17 000 多条数据，其中一些数据不适合用于神经网络的训练，应剔除。

(1) 在数据备注一栏中注明不适用于神经网络的数据，予以剔除。

(2) RF=3 或 RF=4 的数据，可靠性一般，数据质量低，容易影响算法训练效果，予以剔除。

(3) CF=3 或 CF=4 的数据，使模型复杂程度高，影响越浪因素多，实验数据质量低，予以剔除。

(4) $q<10^{-6}\ m^3/(m\cdot s)$的数据，予以剔除。$q<10^{-6}\ m^3/(m\cdot s)$时，风的影响将变大，然而数据集中无风速、风向等记录。

(5) 为保证样本数据完整性，关键参数如波高或周期等缺测的数据，予以剔除。

7.3.2.2 无量纲化

数据集的数据可能来自不同尺度的实验，神经网络需要消除数据在不同尺度下的差异，数据量纲无疑导致数据之间的可比性较差，因此需要进行无量纲处理，便于算法训练。越浪量的无量纲化如下：

$$q_{AD}=\frac{q}{\sqrt{gH_{m0\ toe}^{3}}} \tag{7-23}$$

式中：q 为平均越浪量；q_{AD} 为无量纲化后的越浪量；g 为重力加速度；$H_{m0\ toe}$ 为堤前有效波高。由于数据集中越浪量取值范围都比较小，而且集中分布在较小的范围内，所以必须对其进行归一化处理，使之在整个区间内均匀地分布，以便算法训练。越浪量归一化的公式为

$$q^{*}=\frac{\lg(q_{AD})-\min[\lg(q_{AD}]}{\max[\lg(q_{AD})]-\min[\lg(q_{AD})]} \tag{7-24}$$

7.3.2.3 数据划分

经过处理后的 CLASH 数据集共有样本数据 4 086 条。随机抽取其中 80%的数据作为训练集,剩下 20%的数据作为测试集。划分后的训练集样本数据有 3 268 条,测试集样本数据有 818 条。

7.3.3 神经网络拓扑结构

7.3.3.1 输入层

CLASH 数据集中参数众多,若全部作为神经网络的输入参数势必不利于算法挖掘数据内部的规律,影响训练效果。因此选取对越浪量影响较大的特征参数,其均值、方差、最大值和最小值如表 7-2 所示。

表 7-2 各参数分布特征

编号	参数	最大值	最小值	均值	方差
1	$H_{m0\ toe}$	1.800 0	0.020 7	0.147 0	0.023 8
2	$T_{p\ toe}$	13.700 0	0.609 8	1.801 9	0.919 0
3	b	80.000 0	0.000 0	3.354 6	119.257 1
4	h	6.000 0	0.029 0	0.527 6	0.265 2
5	g_f	1.000 0	0.330 0	0.722 7	0.080 0
6	R_c	2.300 0	0.000 0	0.204 4	0.058 5
7	A_c	2.300 0	0.000 0	0.192 6	0.059 5
8	G_c	0.628 9	0.000 0	0.089 9	0.013 5
9	B	2.000 0	0.000 0	0.094 6	0.076 6
10	h_b	1.090 0	−0.160 0	0.020 5	0.014 5
11	$\cot\alpha_{incl}$	11.299 4	0.1	2.480 4	2.695 9

7.3.3.2 隐藏层

本章采用单隐藏层的 BP 神经网络,因此隐藏层神经元数量直接决定了模型的表征能力。隐藏层神经元越多,则模型复杂程度越高,表征能力越强,但是容易导致过拟合现象;如神经元过少,则模型复杂程度低,则容易出现欠拟合现象。因此,需要选择数量合适的神经元。目前,神经元数量确定尚无明确公式规范,只有经验公式作为参考:

$$l=\sqrt{n+m}+a \tag{7-25}$$

式中：l 为隐藏层神经元数量；n 为输入层神经元数量；m 为输出层神经元数量；a 为 1～10 之间的常数。根据公式，初步确定隐藏层神经元数量为 4～14 个。从 4 个到 14 个逐渐增加隐藏层神经元数量，模型的均方差结果如图 7-7 所示。可以发现当隐藏层神经元数量为 7 个时，误差最小，因此将隐藏层神经元数量设置为 7。

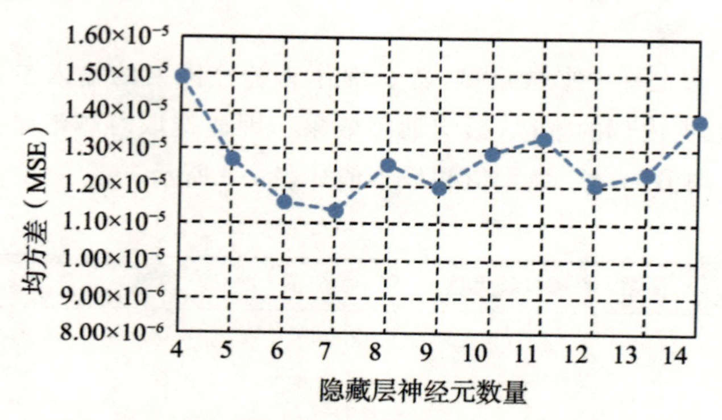

图 7-7　隐藏层神经元数量对神经网络模型的影响

7.3.3.3　输出层

本书构建的神经网络主要研究越浪量的大小，输出层只需输出越浪量数值，因此设置为 1。输出层的激活函数为 pure 函数。

$$f(x)=\mathrm{pure}(x)=x \tag{7-26}$$

选择均方差(MSE)作为损失函数，以评估模型计算值与实测值之间的误差。

$$\mathrm{MSE}(q_m,q_{nn})=\frac{\sum_{i=1}^{n}(q_{mi}-q_{nni})^2}{n} \tag{7-27}$$

式中：n 为模型样本数量；q_{mi} 为第 i 个实测值，q_{nni} 为第 i 个模型预测值。

7.4 模型验证

构建的 BP 神经网络模型参数总结如表 7-3。

表 7-3　BP 神经网络模型参数

参数	设置
输入层神经元数量	10
隐藏层神经元数量	7
输出层神经元数量	1
隐藏层激活函数	Logsig
输出层激活函数	Purelin
损失函数	MSE
最大迭代次数	1 000
学习速率	0.01
误差反向传播算法	L-M 算法
训练集个数	3 268
测试集个数	818

在评估神经网络的性能时，除了损失函数 MSE 以外，相关系数 R 也是衡量神经网络模型的重要指标。相关系数 R 反映两组数据之间的相关程度。当神经网络预测值与实际值接近时，R 趋近于 1；反之，R 趋近于 0。相关系数 R 定义如下：

$$R=\frac{\sum q_m q_{nn} \quad \frac{\sum q_m \sum q_{nn}}{N}}{\sqrt{\left(\sum qm^2 \quad \frac{\left(\sum q_m\right)^2}{N}\right)\left(\sum q_{nn}{}^2 \quad \frac{\left(\sum q_{nn}\right)^2}{N}\right)}} \tag{7-28}$$

本书构建的神经网络相关系数见图 7-8，训练集与测试集的相关系数均大于 0.95。

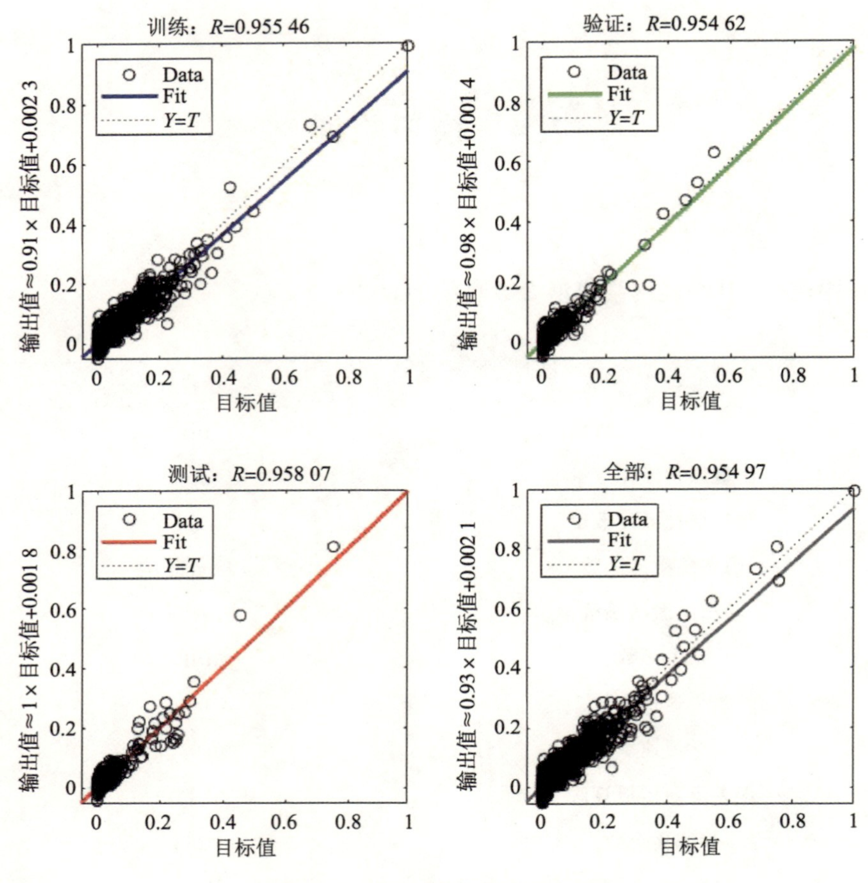

图 7-8 神经网络预测相关系数

无量纲越浪量 q_{AD} 的预测值与实际值的分析结果如图 7-9 所示。图中横坐标为实测值 q_m，纵坐标为神经网络预测值 q_{nn}，黑色实线为 45°理想线，红色虚线为 10 倍误差线。在越浪量研究中，由于越浪与诸多因素相关，大部分研究者将预测越浪量的误差控制在 10 倍以内，即便在波浪水槽中进行物理模型试验，也会有 5 倍左右的误差[51]。可以看到，基于神经网络预测的越浪量与实际值之间误差大多在 10 倍以下，在 $10^{-6}<q_{AD}<10^{-4}$ 区间内出现较多，分布较散，预测的越浪量偏大。推测的原因是越浪量较小时，越过堤顶的都是水花，相比稳定的越浪流而言具有更高的不确定性，当 $q_{AD}>10^{-3}$ 时，预测值与实际值的差距迅速缩小，大部分落在 45°理想线上。然而，现实风暴潮过程中，由于水位升高，波高增大，产生的越浪比较大，足以形成稳定的越浪流。因此本书构建的BP神经网络可以用于预测风暴潮过程产生的极端越浪。

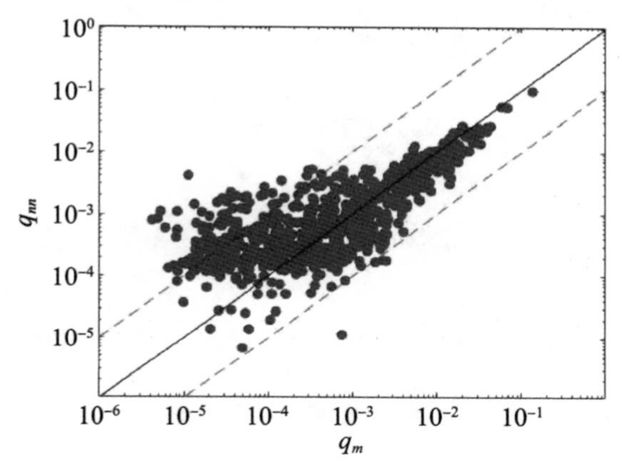

图 7-9　测试集数据估算比较

为了进一步验证BP神经网络与传统经验公式在计算越浪量方面的优劣，选择第5章采用的《规范》公式与VDM公式进行比较。由于《规范》公式适用范围较窄，因此根据推荐使用范围对样本数据进行筛选，最后满足上述条件的数据为45条，且全部不带防浪墙。图7-10给出了两个公式计算结果与神经网络模型预测结果的比较。总体上看，神经网络模型预测结果要优于两个经验公式计算结果。《规范》公式在计算不设防浪墙结构的海堤越浪量结果明显偏大，几乎全部落在10倍误差线以外，效果最差；VDM公式得出的与模型计算效果接近，VDM公式得出的落在10倍误差线以外的点有13个，模型计算的点有10个，神经网络模型略优。从整体上看，模型计算结果也要更靠近45°理想线，可以认为神经网络模型的效果最好。

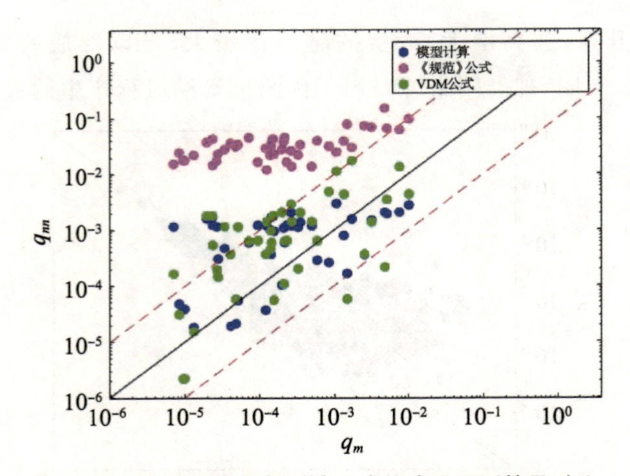

图 7-10　神经网络与《规范》公式越浪量预测效果对比

8 总结与展望

8.1 主要结论

本书针对南黄海的绿潮灾害监测技术做了分析，通过 SWAN＋ADCIRC 耦合模型研究了广东地区风暴潮极端波浪、水位条件，主要的研究结论如下。

(1) 2007—2018 年，黄海连续 12 年发生绿潮灾害。绿潮暴发时间为 5 月中旬至 9 月初，暴发高峰期一般集中在 7 月，每年持续 100 天左右。成灾区集中分布于日照、青岛至海阳海域。绿潮灾害严重影响了滨海景观和海洋生态环境，危害了渔业生产和滨海旅游产业，对海上重大赛事活动造成了威胁，导致了巨大的经济损失，产生了不良社会影响。近几年来，绿潮灾害呈现发生时间提早、持续时间加长、致灾藻种增加等趋势。2013 年绿潮又出现了新的藻种——铜藻。绿潮灾害发展形势仍然严峻。

(2) 北海分局组织北海监测中心、北海预报中心、中国海监北海航空支队、中国海监第一支队等有关单位，使用卫星遥感、航空遥感和船舶、岸基、数值模拟等手段开展了绿潮的监视监测预警工作。其中，2008—2013 年开展船舶监测，在绿潮分布区域采集水样和浒苔样品 248 航次 2 669 个站位，获取数据 56 500 余个，重点对水温、pH、盐度、溶解氧等水质要素开展监测，并分析评价海洋绿潮分布范围、面积、覆盖率等，同时编写《海洋绿潮发展趋势预测》，对浒苔绿潮的发生发展及消长趋势进行预报。

(3) 1991—2020年的30年间对广东沿岸地区造成影响的台风共230个，年均7.7个。台风的高发期集中在夏、秋两季的7、8、9月。在空间分布上，台风对粤西地区造成的影响较大，特别是在湛江地区，30年间共有29个台风登陆，每年接近1个。

(4) 选择广东沿岸地区5个站点进行极端波浪、水位的推算，通过比较4种分布函数对不同重现期水位拟合的效果，发现GEV分布函数更适合水位的极值计算。和安站100年一遇水位可达5.46 m；吴川站100年一遇水位为4.47 m；雅韶站100年一遇水位为3.74 m；香洲站100年一遇水位为4.96 m；城区站100年一遇水位为4.12 m。

(5) 站点极端波浪推算采用小网格SWAN进行计算，输出站点所在区域30 m等深线处波浪数据，选择波高最大的3个方向作为主要方向，经比较分析发现P-Ⅲ型分布函数适合于波浪的极值计算。推算出每一个方向的不同重现期的波浪条件，与不同重现期的水位结合共同驱动小网格SWAN计算，得到站点处不同重现期的波高。分析发现，近岸地区波高主要与地形、水深条件关系较大，5个站点的100年一遇波高基本在3 m左右。最大为吴川站E向波浪，可达3.44 m；最小为雅韶站SSE向波浪，为2.48 m。

(6) 构建典型海堤断面，计算不同重现期波浪、水位条件下的海堤单宽平均越浪量，并参考相关研究与规范提出一种越浪风险评估方法，评估各站点地区不同设计标准下海堤可能的越浪风险等级，给出各地区推荐的海堤设计标准。其中，吴川站、香洲站和城区站沿岸海堤推荐设计标准较高，均为100年一遇或以上；和安站和雅韶站沿岸海堤推荐设计标准为50年一遇或以上。

(7) 基于欧洲CLASH数据集建立了越浪量预测的BP神经网络，对模型性能进行分析，训练集与测试集的相关系数都在0.95以上，表明预测值与实际值之间具有较好的相关性。同时以越浪量实测值为横坐标，预测值为纵坐标绘制了图形，发现大部分样本数据落在10倍误差线以内，且随着越浪量的增大逐渐向45°理想线靠近，说明模型对于较大越浪量预测效果良好，并且效果优于国内外经验公式，进一步证明了神经网络模型的适用性。

8.2 研究展望

由于时间和条件的限制，目前的研究成果还存在一些不足之处，许多方面仍需进一步研究与完善。

(1) 近几年，国家投入大量人力、物力开展绿潮监视监测预警以及相关研究工作，但目前为止，绿潮源头尚不清楚，监测预警能力分散，经费不足，难以支持多手段常态化跟踪与应急监测，绿潮灾害的防控工作仍处于被动防守状态。因此，亟待开展绿潮灾害多区域、多手段联动监测预警工作，探明源头，开展有针对性、高频率的监视监测预警工作，及早遏制绿潮灾害发展态势。

(2) 风场作为模拟风暴潮过程最重要的输入条件之一，直接决定了风暴潮计算的准确度。因此，可以在研究中加入不同风场模型进行效果对比，选择效果最好的风场模型进行重构工作，使风暴潮的模拟更准确。

参考文献

[1] 唐晓春,刘会平,潘安定,等.广东沿海地区近50年登陆台风灾害特征分析[J].地理科学,2003,23(2):182-187.

[2] 中华人民共和国自然资源部预警监测司. 2020年中国海平面公报[EB/OL].(2021-04-28)[2021-10-10]. http://www.nmdis.org.cn/hygb/zghyzhgb/2020nzghyzhgb/.

[3] 叶娜,贾建军,田静,等. 浒苔遥感监测方法的研究进展[J].国土资源遥感,2013,25(1):7-12.

[4] Ramsey E, Rangoonwalaj A, Thomsen M S, et al. Spectral definition of the macro-algae *Ulva curvata* in the back-barrier bays of the Eastern Shore of Virginia, USA [J]. International Journal of Remote Sensing, 2012, 33(2):586-603.

[5] 梁刚. 大型藻类遥感监测方法研究[D]. 大连:大连海事大学, 2011.

[6] 张娟. 浒苔遥感监测方法研究及软件实现:以青岛奥帆赛场及周边海域为例[D]. 成都:电子科技大学, 2009.

[7] 安德玉. 南黄海漂浮浒苔绿潮消亡时空变化特征研究[D].北京:中国科学院大学,2020.

[8] 辛蕾,黄娟,刘荣杰,等. 基于混合像元分解的MODIS绿潮覆盖面积精细化提取方法研究[J]. 激光生物学报, 2014, 23(6): 585-589.

[9] Qi L, Hu C, Xing Q, et al. Long-term trend of Ulva prolifera blooms in the western Yellow Sea[J]. Harmful Algae, 2016, 58: 35-44.

[10] 盛辉,王法景,郭结琼. 基于MODIS数据黄海绿潮覆盖面积精细化提取[J]. 激光生物学报, 2017, 26(1): 37-43.

[11] Xiao Y, Zhang J, Cui T. High-precision extraction of nearshore green tides using satellite remote sensing data of the Yellow Sea, China[J]. International Journal of Remote Sensing, 2017, 38(6): 1626-1641.

[12] Xing Q, Guo R, Wu L, et al. High-resolution satellite observations of a new hazard of "golden tides" caused by floating Sargassum in winter in the Yellow Sea[J]. IEEE Geoscience and Remote Sensing Letters, 2017, 14(10): 1815-1819.

[13] Xing Q, Wu L, Tian L, et al. Remote sensing of early-stage green tide in the Yellow Sea for floating-macroalgae collecting campaign[J]. Marine Pollution Bulletin, 2018, 133: 150-156.

[14] Li L, Zheng X, Wei Z, et al. A spectral-mixing model for estimating sub-pixel coverage of sea-surface floating macroalgae[J]. Atmosphere-Ocean, 2018, 56(4): 296-302.

[15] Cui T, Liang X, Gong J, et al. Assessing and refining the satellite-derived massive green macro-algal coverage in the Yellow Sea with high resolution images[J]. ISPRS Journal of Photogrammetry and Remote Sensing, 2018, 144: 315-324.

[16] 王法景，盛辉，苏婧，等. 基于 GOCI 数据的绿潮覆盖面积精细化提取方法[J]. 测绘地理信息，2018，43(5)：24-27.

[17] Hu L, Zeng K, Hu C, et al. On the remote estimation of *Ulva prolifera* areal coverage and biomass[J]. Remote Sensing of Environment, 2019, 223: 194-207.

[18] 顾行发，陈兴峰，尹球，等. 黄海浒苔灾害遥感立体监测[J]. 光谱学与光谱分析，2011，31(6)：1627-1632.

[19] 李颖，梁刚，于水明，等. 监测浒苔灾害的微波遥感数据选取[J]. 海洋环境科学，2011，30(5)：739-742.

[20] 蒋兴伟，邹亚荣，王华，等. 基于 SAR 快速提取浒苔信息应用研究[J]. 海洋学报(中文版)，2009，31(2)：63-68.

[21] Shen H, Perrie W, Liu Q, et al. Detection of macroalgae blooms by complex SAR imagery[J]. Marine Pollution Bulletin, 2014, 78(1/2): 190-195.

[22] 姜晓鹏. 黄海绿潮早期附着生物量及海上漂移状态参量的估算研究[D]. 北京：中国科学院大学，2021.

[23] 衣立，张苏平，殷玉齐. 2009 年黄海绿潮浒苔暴发与漂移的水文气象环境[J]. 中国海洋大学学报(自然科学版)，2010，40(10)：15-23.
[24] 夏深圳. 基于遥感的黄海浒苔漂移速度与驱动机制研究[D]. 南京：南京大学，2016.
[25] 陈晓英，张杰，崔廷伟，等. 基于高分四号卫星的黄海绿潮漂移速度提取研究[J]. 海洋学报(中文版)，2018，40(1)：29-38.
[26] 徐福祥. 基于无人机及多源数据的黄海绿潮监测研究[D]. 北京：中国科学院大学，2018.
[27] 郭伟. 黄海绿潮年际变化特征及灾害分析[D]. 天津：天津科技大学，2017.
[28] 张苏平，刘应辰，张广泉，等. 基于遥感资料的 2008 年黄海绿潮浒苔水文气象条件分析[J]. 中国海洋大学学报(自然科学版)，2009，39(5)：870-876.
[29] 高松，黄娟，白涛，等. 2008 年与 2009 年黄海绿潮漂移路径分析[J]. 海洋科学，2014，38(2)：86-90.
[30] 黄娟，吴玲娟，高松，等. 黄海绿潮分布年际变化分析[J]. 激光生物学报，2014(6)：572-578.
[31] 乔方利，王关锁，吕新刚，等. 2008 与 2010 年黄海浒苔漂移输运特征对比[J]. 科学通报，2011，56(18)：1470-1476.
[32] Son Y B, Choi B-J, Kim Y H, et al. Tracing floating green algae blooms in the Yellow Sea and the East China Sea using GOCI satellite data and Lagrangian transport simulations[J]. Remote Sensing of Environment, 2015, 156:21-33.
[33] 郑向阳，邢前国，李丽，等. 2008 年黄海绿潮路径的数值模拟[J]. 海洋科学，2011，35(7)：82-87.
[34] Bao M, Guan W, Yang Y, et al. Drifting trajectories of green algae in the western Yellow Sea during the spring and summer of 2012[J]. Estuarine, Coastal and Shelf Science, 2015, 163:9-16.
[35] 刘志亮，胡敦欣. 黄海夏季近岸海区环流的初步分析及其与风速的关系[J]. 海洋学报(中文版)，2009，31(2)：1-7.

[36] 李峣. 中国东部近海夏季环流特征及其动力机制[D]. 青岛:中国科学院研究生院(海洋研究所),2010.

[37] Hansen W. Theorie zur Errechnuang des Wasserstandes und der Strömungen in Randmeeren nebst Anwendungen[J]. Tellus, 1956,8: 287-300.

[38] Heaps N S. Storm surges: 1967-1982 [J]. Geophysical Journal International, 1983,74(1): 331-376.

[39] 王喜年.关于温带风暴潮[J].海洋预报, 2005, 22:17-23.

[40] Jelesnianski C P. SPLASH (Special Program to List Amplitudes of Surges from Hurricanes) Ⅰ. Landfall Storms[R]. NOAA Technical Memorandum NWS, 1972, 46.

[41] Jelesnianski C P, Chen J, Shaffer W A. SLOSH: sea, lake, and overland surges from hurricane[J]. NOAA Technical Report NWS, 1992, 48.

[42] Luettich R, Westerink J. ADCIRC: a(parallel) advanced circulation model for oceanic, coastal and estuarine waters[EB/OL]. http://adcirc. org/home/documentation/user-manual-v53/.

[43] 秦曾灏,冯士筰.浅海风暴潮动力机制的初步研究[J].中国科学,1975(1):64-78.

[44] 孙文心,冯士筰,秦曾灏.超浅海风暴潮的数值模拟(一):零阶模型对渤海风潮的初步应用[J].海洋学报(中文版),1979(2):193-211.

[45] 尹庆江,吴少华.美国SLOSH模式在我国的应用[J].海洋预报,1997(1):70-74.

[46] 王喜年,尹庆江,张保明.中国海台风风暴潮预报模式的研究与应用[J].水科学进展, 1991,2(1):2-9.

[47] 张鹏,张锦文,王喜年.天津沿海风暴潮实时监测预报系统[J].海洋预报, 2002(1):16-23.

[48] Prandle D, Wolf J. The interaction of surge and tide in the North Sea and River Thames[J]. Geophysical Journal International, 1978, 55(1): 203-216.

[49] Idier D, Dumas F, Muller H. Tide-surge interaction in the English Channel[J]. Natural Hazards & Earth System Sciences, 2012, 12 (12): 3709-3718.

[50] Zhang W-Z, Shi F, Hong H, et al. Tide-surge interaction intensified by the Taiwan Strait[J]. Journal of Geophysical Research, 2010, 115 (C6): 1-17.

[51] 刘永玲,王秀芹,王淑娟. 波浪对风暴潮影响的数值研究[J]. 海洋湖沼通报, 2007(S1):1-7.

[52] 梁书秀,孙昭晨,尹洪强,等. 基于SWAN模式的南海台风浪推算的影响因素分析[J]. 海洋科学进展,2015,33(1):19-30.

[53] Bunya S, Dietrich J C, Westerink J J, et al. A high-resolution coupled riverine flow, tide, wind, wind wave, and storm surge model for Southern Louisiana and Mississippi. Part Ⅰ: model development and validation[J]. Monthly Weather Review, 2010, 138(2):345-377.

[54] Funakoshi Y, Hagen S C, Bacopoulos P. Coupling of hydrodynamic and wave models: case study for Hurricane Floyd (1999) hindcast[J]. Journal of Waterway Port Coastal & Ocean Engineering, 2008, 134 (6):321-335.

[55] 广东省水利厅. 广东省生态海堤建设"十四五"规划(征求意见稿)[EB/OL]. (2021-04-26)[2021-10-10]. http://slt.gd.gov.cn/hdjlpt/yjzj/answer/11653.

[56] 张鹏,李德吉,董志. 超强台风"威马逊"损毁海堤原因分析及海堤建设的几点建议[J]. 广东水利水电,2015(7):38-41.

[57] 涂金良,罗庆锋,刘海洋. "天鸽"和"山竹"台风沿海部分海堤损毁调查及对策分析[J]. 广东水利水电,2021(5):12-16,39.

[58] 中交第一航务工程勘察设计院有限公司. 防波堤与护岸设计规范:JTS 154—2018[S]. 北京:人民交通出版社,2018.

[59] 广东省水利厅. 广东省海堤工程设计导则(试行):DB44/T 182—2004 [S]. 北京:中国水利水电出版社,2004.

[60] The Overseas Coastal Area Development Institute of Japan. Technical

standards and commentaries for port and harbour facilities in Japan [S]. Daikousha Printing Co., Ltd, 2002.

[61] 尹宝树,徐艳青,任鲁川,等.黄河三角洲沿岸海浪风暴潮耦合作用漫堤风险评估研究[J].海洋与湖沼,2006(5):457-463.

[62] 王凯,侯一筠,冯兴如,等.福建沿海浪潮耦合漫堤风险评估:以台风天兔为例[J].海洋与湖沼,2020,51(1):51-58.

[63] 张莉,商少平,张峰,等.福建沿岸天文潮-风暴潮-台风浪耦合漫堤预警系统[J].海洋预报,2016,33(5):61-69.